概率论与数理统计
学习指导与同步训练
（第2版）

主　编　刘玉霞

副主编　鲁立刚　张春丽　梁　媛　等

中南大学出版社
www.csupress.com.cn

·长沙·

图书在版编目(CIP)数据

概率论与数理统计学习指导与同步训练 / 刘玉霞主编. —长沙：中南大学出版社，2021.8
ISBN 978-7-5487-4440-5

Ⅰ. ①概… Ⅱ. ①刘… Ⅲ. ①概率论－高等学校－教学参考资料②数理统计－高等学校－教学参考资料 Ⅳ. ①O21

中国版本图书馆 CIP 数据核字（2021）第 087043 号

概率论与数理统计学习指导与同步训练
GAILÜLUN YU SHULI TONGJI XUEXI ZHIDAO YU TONGBU XUNLIAN

主编 刘玉霞

□责任编辑	刘　辉		
□责任印制	唐　曦		
□出版发行	中南大学出版社		
	社址：长沙市麓山南路	邮编：410083	
	发行科电话：0731-88876770	传真：0731-88710482	
□印　　装	长沙雅鑫印务有限公司		

□开　　本	787 mm×1092 mm 1/16	□印张 10.75	□字数 272 千字
□版　　次	2021 年 8 月第 1 版	□2021 年 8 月第 1 次印刷	
□书　　号	ISBN 978-7-5487-4440-5		
□定　　价	48.00 元		

前 言

Foreword

　　"概率论与数理统计"是高等学校理工类、经管类专业的重要课程之一。它与其他学科有紧密的联系，是近代数学的重要组成部分，其理论与方法已广泛应用于工业、农业、军事和科学技术中。与其他学科相结合发展成为边缘学科，成为概率论与数理统计发展的一个新趋势。概率论与数理统计不仅是学习其他专业课程的基础，也是许多专业研究生入学考试的必考科目之一。通过概率论与数理统计课程的学习，可以提高学生分析问题、解决问题以及综合运用等能力，可以让学生了解和掌握认识随机性现象的方式、方法。

　　为了帮助学习者更好地掌握概率论与数理统计的内容、方法，提高学习效率，我们编写了《概率论与数理统计学习指导与同步训练》。编写中突出以下特点：①增加选择题目、填空题目的数量；②注重应用问题的选取；③选择题目难易适度，既有基本题目又有各年考研题目。

　　本书是刘玉霞、鲁立刚、伍宪彬等老师长期积累、不断提炼的结果。编写参考了鲁立刚等老师主编的《概率论与数理统计学习指导与同步训练》、胡庆军老师主编的《概率论与数理统计学习指导》、张瑰等老师主编的《概率论与数理统计全程学习指导与习题精解》等书，充分汲取他们书中的优点和长处。本书的编写和出版得到本教学部门同仁的大力支持和帮助，以及中南大学出版社的支持，在此向他们表示感谢！

　　由于水平有限，书中会有些错误和疏漏，敬请批评指正，编者将不断改进，并深表谢意！

编　者

2021 年 5 月

目　录

Contents

第 1 章　事件与概率

1.1　学习指导

1.1.1　基本要求

（1）理解随机事件的概念，了解样本空间的概念，熟练掌握事件之间的关系及运算规律；

（2）理解事件频率的概念，了解概率的统计定义和公理化定义；

（3）理解概率的古典定义，会计算古典概型概率；

（4）理解条件概率的概念，掌握概率的加法公式和乘法公式，了解全概率公式和贝叶斯公式；

（5）掌握事件的独立性概念，会用事件独立性进行概率计算；

（6）理解重复独立试验的概念，会用二项公式计算事件的概率.

1.1.2　主要内容

1. 随机试验

若一个试验满足下列三个特点：

（1）在相同条件下可以重复进行；

（2）每次试验的可能结果不止一个，并且可以预知试验的所有可能结果；

（3）一次试验之前，不能确定出现的是哪一个结果；

则称这一试验为随机试验.

2. 样本空间、随机事件

在一个试验中，不论可能的结果有多少种，总可以从中找出这样一组基本结果，满足：

（1）每进行一次试验，必然出现且只能出现一个基本结果；

（2）任何事件，都是由其中的一些基本结果所组成.

随机试验中的每一个基本结果是一个随机事件,称为基本事件,或称为样本点,记为 ω. 随机事件 E 的全体样本点组成的集合称为试验 E 的样本空间,记为 S. 随机事件是指样本空间中样本点的某个集合,简称事件,一般记为 A,B 或 C,等.

所谓事件 A 发生,是指在一次试验中,当且仅当 A 中包含的某个样本点出现. 在每次试验中一定发生的事件称为必然事件. 样本空间 S 包含所有的样本点,每次试验它必然发生,它就是一个必然事件. 必然事件用 S 表示,它是样本空间 S 的一个子集. 在每次试验中一定不发生的事件称为不可能事件,记为 $\varnothing$. 它是样本空间的一个空子集.

3. 事件的互不相容(互斥)、对立事件

若 $A \cap B = \varnothing$,则称事件 A 与事件 B 是互不相容的,或称 A 与 B 是互斥的. A 与 B 互不相容,是指事件 A 与事件 B 不能同时发生. 例如,基本事件是两两互不相容的.

若 $A \cap B = \varnothing$,且 $A \cup B = S$,则称事件 A 与事件 B 互为对立事件,或称 A 与 B 互为逆事件. A 与 B 对立,是指事件 A 与事件 B 既不能同时发生又不能同时不发生,即在每次试验中,A 与 B 有且仅有一个发生. 若 A 与 B 互为逆事件,则称 B 为 A 的对立事件. A 的对立事件记为 $\overline{A}$,显然 $\overline{A} = S - A$.

4. 概率的统计定义

在 n 次重复试验中,若事件 A 发生了 m 次,则称 $\dfrac{m}{n}$ 为事件 A 发生的频率. 在相同的条件下,重复进行 n 次试验,事件 A 发生的频率稳定地在某一常数 p 附近摆动,且一般地,n 越大,摆动幅度越小,则称常数 p 为事件 A 发生的概率,记为 $P(A)$.

5. 概率的古典定义

若某试验 E 满足

(1)有限性:样本空间 $S = \{e_1, e_2, \cdots, e_n\}$;

(2)等可能性:$P(e_1) = P(e_2) = \cdots = P(e_n)$.

若事件 A 包含了 m 个基本事件,则事件 A 发生的概率可用 $P(A) = \dfrac{m}{n}$ 来表示,这里 e_1,e_2,$\cdots$,e_n 是一完备事件组.

6. 概率的性质

若对随机试验 E 对应的样本空间 S 中的每一事件,均赋予一实数 $P(A)$,若函数 $P(A)$ 满足:

(1)非负性:对每一事件 A,$P(A) \geqslant 0$;

（2）规范性：$P(S) = 1$；

（3）可列可加性：设 A_1，A_2，$\cdots$，是两两互不相容的事件，则有

$$P\left(\sum_{i=1}^{\infty} A_i\right) = \sum_{i=1}^{\infty} P(A_i)$$

因是一列两两互不相容的事件，即

$$A_i A_j = \varnothing \ (i \neq j)，i, j = 1, 2, \cdots$$

则有

$$P(A_1 \cup A_2 \cup \cdots) = P(A_1) + P(A_2) + \cdots$$

则称 $P(A)$ 为事件 A 的概率.

（4）有限可加性：设 A_1，A_2，$\cdots$，A_n 是 n 个两两互不相容的事件，即

$$A_i A_j = \varnothing \ (i \neq j)，i, j = 1, 2, \cdots, n$$

则有

$$P(A_1 \cup A_2 \cup \cdots \cup A_n) = P(A_1) + P(A_2) + \cdots + P(A_n)$$

（5）单调不减性：若事件 $A \subset B$，则

$$P(A) \leqslant P(B)$$

（6）事件：设 A、B 是两个事件，则

$$P(A - B) = P(A) - P(AB)$$

特别地，若 $B \subset A$ 则 $P(A - B) = P(A) - P(B)$.

（7）和事件：对任意两事件 A、B，有

$$P(A \cup B) = P(A) + P(B) - P(AB)$$

该公式可推广到任意 n 个事件 A_1，A_2，$\cdots$，A_n 的情形：

$$P(A_1 \cup A_2 \cup \cdots \cup A_n) = \sum_{i=1}^{n} P(A_i) - \sum P(A_i A_j) + \sum P(A_i A_j A_k) + \cdots + (-1)^{n-1} P(A_1 A_2 \cdots A_n)$$
$$1 \leqslant i < j \leqslant n, 1 \leqslant i < j < k \leqslant n$$

（8）互补性：

$$P(\overline{A}) = 1 - P(A)$$

7. 条件概率的定义、性质

设 A，B 为两个事件，且 $P(B) > 0$，则称 $\dfrac{P(AB)}{P(B)}$ 为事件 B 发生的条件下事件 A 发生的条件概率，记为

$$P(A \mid B) = \frac{P(AB)}{P(B)}$$

根据条件概率定义，不难验证它具有下列三个性质，即

（1）$P(A \mid B) \geqslant 0$.

（2）$P(S|B) = 1$.

（3）若事件 A_1，A_2，$\cdots$，A_i，$\cdots$ 是两两互不相容的，则

$$P(\bigcup_{i=1}^{\infty} A_i | B) = \sum_{i=1}^{\infty} P(A_i | B)$$

8. 概率的乘法公式

设 A，B 为两个事件，若 $P(A) > 0$，则由条件概率定义，得

$$P(AB) = P(A)P(B|A)$$

一般地，设事件 A_1，A_2，$\cdots$，A_n，若 $P(A_1 A_2 \cdots A_{n-1}) > 0$，则有

$$P(A_1 A_2 \cdots A_n) = P(A_1)P(A_2|A_1)P(A_3|A_1 A_2) \cdots P(A_n|A_1 A_2 \cdots A_{n-1})$$

9. 全概率公式

设 S 为随机试验 E 的样本空间，B_1，B_2，$\cdots$ 为 S 的一个完备事件组，设 A 为样本空间 S 的事件，且 $P(B_i) > 0 (i = 1, 2, \cdots)$，则

$$P(A) = P(B_1)P(A|B_1) + P(B_2)P(A|B_2) + \cdots$$

10. 贝叶斯(Bayes)公式

设 A 为样本空间 S 的事件，B_1，B_2，$\cdots$ 为 S 的一个完备事件组，且 $P(A) > 0$，$P(B_i) > 0$，则

$$P(B_i|A) = \frac{P(B_i)P(A|B_i)}{\sum_{i=1}^{\infty} P(B_i)P(A|B_i)} \quad i = 1, 2, \cdots$$

11. 独立性

若事件 A，B 满足 $P(AB) = P(A)P(B)$，则称事件 A，B 是相互独立的.

对于 3 个事件 A，B，C，若下面 4 个等式同时成立：

$$P(AB) = P(A)P(B),$$
$$P(AC) = P(A)P(C),$$
$$P(BC) = P(B)P(C),$$
$$P(ABC) = P(A)P(B)P(C),$$

则称 A，B，C 相互独立，若仅前三式成立，则称 A，B，C 两两独立.

注意两两独立推不出相互独立.

12. 独立试验序列模型

设随机试验满足：

（1）在相同条件下进行 n 次重复试验；

（2）每次试验只有两种可能结果，A 发生或 A 不发生；

（3）在每次试验中，A 发生的概率均一样，即 $P(A) = p$；

（4）各次试验是相互独立的，则称这种试验为贝努里（Bernoulli）概型，或称为 n 重贝努里试验.

在 n 重贝努里试验中，人们感兴趣的是事件 A 发生的次数，若用 $P_n(k)$ 或 $b(n, p, k)$ 表示 n 重贝努里试验中 A 出现 $k(0 \leqslant k \leqslant n)$ 次的概率，由于

$$P(A) = p, \ P(\overline{A}) = 1 - p = q$$

则有

$$P_n(k) = C_n^k p^k q^{n-k}, \ k = 0, 1, 2, \cdots, n$$

1.1.3　学习提示

（1）关于概率的定义，主要有统计定义、古典定义、公理化定义等.

（2）利用古典概型的计算公式时要注意满足有限性和等可能性两个条件.

（3）遇到求"至少"或"至多"等事件的概率问题，从正面考察事件，往往是诸多事件的和或积，求解烦琐，可以考虑"至少""至多"事件的对立事件，简单，概率易求.

（4）条件概率的计算方法有两种：一是限制样本空间，例如求 $P(B|A)$，事件 A 已经发生，因此样本空间不属于 A 的点就可排除，样本空间可缩减为 $S' = A$，在 A 中计算事件 B 的概率. 二是直接应用定义，例如计算 $P(B|A)$，我们可先计算 $P(AB)$，$P(A)$，再利用条件概率的定义来计算. 不要把事件的条件概率与积事件概念混淆.

（5）全概率公式是把较复杂的事件概率计算分解为较简单的事件概率计算，而 Bayes 公式往往用于从结果分析原因时的概率计算，帮助追查事件起因. 使用时注意样本空间划分，必须是完备事件组.

（6）二项概率公式用于计算在 n 重贝努里试验中，事件 A 恰好出现 k 次的概率. 它是一个应用广泛的公式. 注意"恰好出现 k 次""至多出现 k 次""至少出现 k 次"的区别.

（7）对于事件的独立性，往往不根据定义，而是根据实际背景判定. 注意事件的"相互独立"与"互不相容"的区别. 一般两事件独立与两事件互不相容是没有关系的.

（8）小概率事件应从两个方面认识. 一方面，小概率事件 A 在一次试验中几乎是不发生；另一方面，在不断地独立重复试验中，小概率事件 A 迟早会发生的概率为 1. 忽视任何一方面都要犯错误. 例如，一个人在山林里乱扔烟头，他认为扔一个烟头引起火灾（一个小概率事件）几乎是不可能发生的，的确是这样；但他忽略了另一面，如果很多人都乱扔烟头（不断独立重复试验），则火灾（小概率事件）迟早会发生的概率为 1（即火灾几乎一定会发生）.

1.2 典型例题

例1 设一个试验有 10 种可能的结果,记该试验的样本空间为 $S = \{1, 2, 3, 4, 5, 6, 7, 8, 9, 10\}$,事件 A, B, C 分别是 $A = \{2, 3, 4\}$,$B = \{3, 4, 5\}$,$C = \{5, 6, 7\}$. 求下列事件:$(1)\overline{\overline{A}\,\overline{B}}$;$(2)\overline{A(\overline{BC})}$.

解 由德·摩根律

$(1)\overline{\overline{A}\,\overline{B}} = \overline{\overline{A \cup B}} = A \cup B = \{2, 3, 4, 5\}$.

$(2)\overline{A(\overline{BC})} = \overline{A} \cup \overline{\overline{BC}} = \overline{A} \cup BC = \{1, 5, 6, 7, 8, 9, 10\} \cup \{5\} = \{1, 5, 6, 7, 8, 9, 10\}$.

例2 设两两相互独立的事件 A, B 和 C 满足条件:$ABC = \varnothing$,$P(A) = P(B) = P(C) < \dfrac{1}{2}$,且已知 $P(A \cup B \cup C) = \dfrac{9}{16}$,求 $P(A)$.

解 $\dfrac{9}{16} = P(A \cup B \cup C) = P(A) + P(B) + P(C) - P(AB) - P(AC) - P(BC) + P(ABC)$

$= 3P(A) - P(A)P(B) - P(A)P(C) - P(B)P(C) = 3P(A) - 3(P(A))^2$

即 $[P(A)]^2 - P(A) + \dfrac{3}{16} = 0$,亦即 $\left[P(A) - \dfrac{3}{4}\right]\left[P(A) - \dfrac{1}{4}\right] = 0$,由于 $P(A) < \dfrac{1}{2}$,得 $P(A) = \dfrac{1}{4}$.

例3 设随机事件 A 与 B 为互不相容事件,且 $P(A) > 0$,$P(B) > 0$,则下列结论中一定成立的有(   ).

A. A, B 为对立事件   B. $\overline{A}, \overline{B}$ 为对立事件

C. A, B 不独立   D. A, B 相互独立

分析: A 与 B 互不相容,只说明 $AB = \varnothing$,但并不一定满足 $A \cup B = S$,则 A 与 B 不一定是对立事件,当然 $\overline{A}$ 与 $\overline{B}$ 也不一定是对立事件,又由于 $AB = \varnothing$,有 $P(AB) = 0$,但 $P(A)P(B) > 0$,即 $P(AB) \neq P(A)P(B)$,所以 A 与 B 不独立,故选 C.

例4 设随机事件 A, B 同时发生的概率和同时不发生的概率相等,且 $P(A) = a$,求 $P(B)$.

解 根据题意 $P(AB) = P(\overline{A}\,\overline{B}) = P(\overline{A \cup B}) = 1 - P(A \cup B) = 1 - [P(A) + P(B) - P(AB)]$,从而 $P(A) + P(B) = 1$,即 $P(B) = 1 - a$.

例5 已知 $P(\overline{A}) = 0.3$,$P(B) = 0.4$,$P(A\overline{B}) = 0.5$,求 $P(B | A \cup \overline{B})$.

解 $P(B | A \cup \overline{B}) = \dfrac{P(AB)}{P(A \cup \overline{B})} = \dfrac{P(A) - P(A\overline{B})}{P(A) + P(\overline{B}) - P(A\overline{B})} = \dfrac{0.7 - 0.5}{0.7 + 0.6 - 0.5} = \dfrac{1}{4}$

例 6　已知 $P(A) = P(B) = 0.4$，$P(A \cup B) = 0.5$，试计算概率 $P(A|B)$；$P(A-B)$；$P(A|\bar{B})$.

解　由加法公式 $P(A \cup B) = P(A) + P(B) - P(AB)$，所以

$$P(AB) = P(A) + P(B) - P(A \cup B) = 2 \times 0.4 - 0.5 = 0.3$$

$$P(A|B) = \frac{P(AB)}{P(B)} = \frac{0.3}{0.4} = 0.75$$

$$P(A-B) = P(A) - P(AB) = 0.4 - 0.3 = 0.1$$

$$P(A|\bar{B}) = \frac{P(A\bar{B})}{P(\bar{B})} = \frac{P(A-B)}{1-P(B)} = \frac{0.1}{0.6} = \frac{0.1}{0.6} = 0.17$$

注：这里 $P(A|\bar{B}) \neq 1 - P(A|B)$.

例 7　一射手向一目标独立地进行四次射击，若至少命中一次的概率为 $\frac{80}{81}$，求该射手的命中率.

解　设该射手的命中率为 P，X 表示四次射击命中的次数，则

$$\frac{80}{81} = P\{X \geq 1\} = 1 - P\{X = 0\} = 1 - (1-P)^4$$

$$(1-P)^4 = 1 - \frac{80}{81} = \frac{1}{81}$$

解得 $P = \frac{2}{3}$.

例 8　设 A，B 是两个随机事件，其中 A 的概率不等于 0 和 1. 证明：$P(B|A) = P(B|\bar{A})$ 是事件 A 与 B 独立的充分必要条件.

证法一：由事件 A 的概率不等于 0 和 1，知题中两个条件概率都存在.

充分性. 由事件 A 与 B 独立，知事件 $\bar{A}$ 与 B 独立，因此

$$P(B|A) = \frac{P(AB)}{P(A)} = \frac{P(A)P(B)}{P(A)} = P(B)$$

类似地，$P(B|\bar{A}) = P(B)$，即 $P(B|A) = P(B|\bar{A})$.

必要性. 由 $P(B|A) = P(B|\bar{A})$，可见

$$\frac{P(AB)}{P(A)} = \frac{P(\bar{A}B)}{P(\bar{A})} = \frac{P(B) - P(AB)}{1 - P(A)}$$

$$P(AB)[1 - P(A)] = P(A)P(B) - P(A)P(AB), \quad P(AB) = P(A)P(B)$$

因此 A 与 B 独立.

证法二：由事件 A 的概率不等于 0 和 1，知题中两个条件概率都存在.

$$P(B|A) = P(B|\bar{A}) \Leftrightarrow \frac{P(AB)}{P(A)} = \frac{P(\bar{A}B)}{P(A)} \Leftrightarrow \frac{P(AB)}{P(\bar{A})} = \frac{P(B) - P(AB)}{1 - P(A)}$$

$$\Leftrightarrow P(AB)[1 - P(A)] = P(A)P(B) - P(A)P(AB) \Leftrightarrow P(AB) = P(A)P(B) \Leftrightarrow A 与 B 独立.$$

例 9 甲、乙两人独立地对同一目标射击一次，其命中率分别为 0.6 和 0.5，现已知目标被命中，它是甲射中的概率是多少？

解 求 A = "甲射击一次命中目标"，B = "乙射击一次命中目标"，则要求的概率为

$$P(A|A\cup B) = \frac{P(A\cap(A\cup B))}{P(A\cup B)} = \frac{P(A)}{P(A) + P(B) - P(AB)}$$

$$= \frac{0.6}{0.6 + 0.5 - 0.6 \times 0.5} = \frac{6}{8} = 0.75$$

例 10 一年级共有学生 100 名，其中男生 60 人，女生 40 人，来自北京的有 20 人，其中男生 12 人，若任选一人发现是女生，问该女生是来自北京的概率是多少？

解 设 A = "任选一人是女生"，B = "该生来自北京". 显然北京的学生中有女生 8 名，这是条件概率问题，即求 $P(B|A)$. 由于 $P(A) = \frac{40}{100}$，$P(AB) = \frac{8}{100}$，所以 $P(B|A) = \frac{P(AB)}{P(A)} = \frac{1}{5}$.

例 11 某人有 5 把钥匙，其中有一把能打开房门，因为忘记哪一把是房门钥匙，逐一去试开，求：(1)恰好第 3 次打开门的概率；(2)前三次能打开房门的概率.

解 设 A_i = "恰好第 i 次打开房门"$(i = 1, 2, 3, 4)$

(1)$P(A_1) = \frac{1}{5}$；由于 $A_2 = \bar{A}_1 A_2$ 且 A_1 与 A_2 相互独立，故

$$P(A_3) = P(\bar{A}_1\bar{A}_2 A_3) = P(\bar{A}_1)P(\bar{A}_2)P(A_3) = \frac{4}{5} \cdot \frac{3}{4} \cdot \frac{1}{3} = \frac{1}{5}$$

(2)设 B = "前三次打开房门"，由于 A_1, A_2, A_3 互不相容，故

$$P(B) = P(A_1 \cup A_2 \cup A_3) = P(A_1) + P(A_2) + P(A_3) = \frac{3}{5}$$

例 12 假设有两箱同种零件，第一箱内装 50 件，其中 10 件一等品；第二箱内装 30 件，其中 18 件一等品，现从两箱中随意挑出一箱，然后从该箱中先后随机地取出两个零件（取出的零件均不放回），试问：

(1)先取出的零件是一等品的概率；

(2)在先取出的零件是一等品的条件下，第二次取出的零件仍然是一等品的条件概率.

解 设 B_j = "第 j 次取出的零件是一等品"$(j = 1, 2)$，A_i = "被挑出的是第 i 箱"$(i = 1, 2)$，依题意

$$P(A_1) = P(A_2) = \frac{1}{2}, P(B_1|A_1) = \frac{1}{5}, P(B_1|A_2) = \frac{3}{5}$$

（1）由所设知所求的概率为 $P(B_i)$，根据全概率公式，知

$$P(B_1) = P(A_1)P(B_1|A_1) + P(A_2)P(B_2|A_2)$$
$$= \frac{1}{2}\left(\frac{1}{5} + \frac{3}{5}\right) = \frac{2}{5}$$

（2）由所设知所求的概率为 $P(B_2|B_1)$，由条件概率定义和全概率公式，知

$$P(B_2|B_1) = \frac{P(A_1)P(B_1B_2|A_1) + P(A_2)P(B_1B_2|A_2)}{P(B_1)}$$

$$= \frac{\dfrac{1}{2}\left(\dfrac{10 \times 9}{50 \times 49} + \dfrac{18 \times 17}{30 \times 29}\right)}{\dfrac{2}{5}}$$

$$= \frac{1}{4}\left(\frac{9}{49} + \frac{51}{29}\right) \approx 0.4856$$

思考题

（1）谈谈古典概型应用的广泛性及分类，这些概率模型可以解决哪些问题. 如解决 n 个人中至少 2 个人生日相同的问题（$n = 10, 17, 23, 50$）.

（2）用贝努里概型解决银行服务窗口问题.

例如：某居民区有 n 个人，设有一个银行，开 m 个窗口，每个窗口都办理业务，假定在每一指定时刻，这 n 个人是否去银行是独立的，每人去银行的概率都是 P，现要求"在营业中任一时刻每个窗口的排队人数（包括正在被服务的那个人）不超过 s"这个事件的概率不小于 a（一般取 $a = 0.80, 0.90$ 或 0.95），则银行至少开设多少个服务窗口合理？

举例说明此模型还可以解决哪些现实问题. 如碰运气能否通过英语四级考试.

（3）如何理解条件概率？它与无条件概率有何区别？举例说明条件概率（在保险、财务管理、会计、生物、食品等方面）的应用.

（4）阐述全概率公式、贝叶斯公式，就其应用举例说明（不少于 2 例）.

（5）了解小概率事件，通过实例谈谈对小概率事件的认识及小概率原理在生活中的应用.

（6）基于概率本质的一些思考，谈谈概率与直觉的关系，阐述概率的重要性、魅力及对生活的指导.

1.3　能力训练习题

一、选择题

1. 设 A, B, C 为随机事件，则 $\overline{A \cup BC} = ($ $)$.

A. $\overline{A}\,\overline{B}\,C$ 　　　　　　　　　B. $\overline{A}\,\overline{B}\cup C$

C. $(\overline{A}\cup\overline{B})C$ 　　　　　　　D. $(\overline{A}\cup\overline{B})\cup C$

2. A，B，C 是任意随机事件，下列各式中不成立的是（　　）.

A. $(A-B)\cup B=A\cup B$ 　　　　B. $(A\cup B)-A=B$

C. $(A\cup B)-AB=A\overline{B}\cup\overline{A}B$ 　　D. $(A\cup B)\overline{C}=(A-C)\cup(B-C)$

3. 以 A 表示事件"甲种产品畅销，乙种产品滞销"，则其对立事件 $\overline{A}$ 表示事件（　　）.

A. "甲种产品滞销，乙种产品畅销"　B. "甲、乙两种产品均滞销"

C. "甲种产品滞销"　　　　　　　　D. "甲种产品滞销或乙种产品畅销"

4. 若 A，B 同时出现的概率为 $P(AB)$，则（　　）.

A. A，B 互不相容　　　　　　　B. AB 是不可能事件

C. $AB=\varnothing$ 未必成立　　　　　D. $P(A)>0$ 或 $P(B)>0$

5. 当随机事件 A，B 同时发生时，事件 C 必发生，则下列结论正确的是（　　）.

A. $P(C)=P(AB)$ 　　　　　　　B. $P(C)=P(A\cup B)$

C. $P(C)\geqslant P(A)+P(B)-1$ 　D. $P(C)\leqslant P(A)+P(B)-1$

6. 设 $P(A)=\dfrac{1}{2}$，$P(B)=\dfrac{2}{3}$，则 $P(AB)$ 可能为（　　）.

A. 0 　　　　　　　　　　　　　B. 1

C. 0.6 　　　　　　　　　　　　D. 1/6

7. 袋中有 50 个大小、质地相同的乒乓球，其中 20 个是黄的，30 个是白的，现在两个人不放回地依次从袋中随机各取一球. 则第二个人取到黄球的概率为（　　）.

A. $\dfrac{1}{5}$ 　　　　　　　　　　　B. $\dfrac{2}{5}$

C. $\dfrac{3}{5}$ 　　　　　　　　　　　D. $\dfrac{4}{5}$

8. 掷一枚质地均匀的骰子，则在出现奇数点的条件下出现 3 点的概率为（　　）.

A. $\dfrac{1}{3}$ 　　　　　　　　　　　B. $\dfrac{2}{3}$

C. $\dfrac{1}{6}$ 　　　　　　　　　　　D. $\dfrac{1}{2}$

9. 设 A，B 为对立事件，$0<P(B)<1$，则下列概率值为 1 的是（　　）.

A. $P(\overline{A}|\overline{B})$ 　　　　　　　B. $P(B|A)$

C. $P(\overline{A}|B)$ 　　　　　　　　D. $P(AB)$

10. 设 $AB=\varnothing$，则有（　　）.

A. $P(A)=1-P(B)$ 　　　　　　B. $P(A|B)=0$

C. $P(A\mid\overline{B})=1$ 　　　　　　　D. $P(\overline{AB})=0$

11. 设 A, B 满足 $P(B\mid A)=1$, 则(　　).

A. A 是必然事件 　　　　　　　B. $P(B\mid\overline{A})=0$

C. $A\supset B$ 　　　　　　　　　D. $P(A)\leqslant P(B)$

12. A, B 为随机事件, 且 $A\subset B$, $P(B)>0$, 则有(　　).

A. $P(A)<P(A\mid B)$ 　　　　　B. $P(A)\leqslant P(A\mid B)$

C. $P(A)>P(A\mid B)$ 　　　　　D. $P(A)\geqslant P(A\mid B)$

13. A, B 为随机事件, 且 $A\subset B$, $P(B)>0$, 则有(　　).

A. $P(A\cup B)=P(A)$ 　　　　　B. $P(AB)=P(A)$

C. $P(B\mid A)=P(B)$ 　　　　　D. $P(A-B)=P(A)-P(B)$

14. 设 A, B 为互不相容事件, 且 $P(A)>0$, $P(B)>0$, 则下列结论一定成立的有 (　　).

A. A, B 为对立事件 　　　　　B. $\overline{A}$, $\overline{B}$ 互不相容

C. A, B 不独立 　　　　　　　D. A, B 相互独立

15. 设随机事件 A, $\overline{B}$ 相互独立, 则下面结论成立的是(　　).

A. $P(AB)\neq P(A)P(B)$ 　　　　B. $(1-P(B))P(\overline{A})=P(\overline{A}\,\overline{B})$

C. $P(\overline{A}B)\neq P(\overline{A})P(B)$ 　　　D. $P(\overline{A\cup B})=[1-P(\overline{A})][1-P(B)]$

16. 设随机事件 A, B 相互独立, 则 $P(A\cup B)=$ (　　).

A. $P(A)+P(B)$ 　　　　　　　B. $P(\overline{A})+P(\overline{B})$

C. $1-P(\overline{A})P(\overline{B})$ 　　　　　D. $1-P(A)P(B)$

17. 对于随机事件 A, B, 下列命题正确的是(　　).

A. 若 A, B 互不相容, 则 $\overline{A}$, $\overline{B}$ 也互不相容

B. 若 A, B 相容, 则 $\overline{A}$, $\overline{B}$ 也相容

C. 若 A, B 互不相容, 且概率都大于零, 则 A, B 相互独立

D. 若 A, B 相互独立, 则 $\overline{A}$, $\overline{B}$ 也相互独立

18. 设随机事件 A, B 相互独立, 且 $P(A)P(B>0)$, 则下列结论成立的是(　　).

A. $AB=\varnothing$ 　　　　　　　B. $P(A\overline{B})=P(A)P(\overline{B})$

C. $P(B)=1-P(A)$ 　　　　　　D. $P(B\mid A)=0$

19. 设一次试验中事件 A 发生的概率为 p, 现重复进行 n 次独立试验, 则事件 A 最多发生一次的概率为(　　).

A. $1-p^n$ 　　　　　　　　　　B. p^n

C. $1-(1-p)^n$ D. $(1-p)^n+np(1-p)^{n-1}$

20. 某射手向同一目标独立地射击5枪,若每次击中靶的概率为0.6,则恰有两枪脱靶的概率是( ).

A. $4p^2(1-p)^3$ B. $C_5^4p^4(1-p)$

C. $C_5^4p^4(1-p)$ D. $C_5^3p^3(1-p)^2$

21. 进行一系列独立的试验,每次试验成功的概率为P,则在两次成功之前已经失败了3次的概率为( ).

A. $4p^2(1-p)^3$ B. $4p(1-p)^3$

C. $C_5^4p^4(1-p)$ D. $C_5^3p^3(1-p)^2$

22. 每次试验成功的概率为p,进行重复试验,直到第10次试验才取得4次成功的概率为( ).

A. $C_{10}^4p^4(1-p)^6$ B. $C_9^3p^4(1-p)^6$

C. $10p^4(1-p)^6$ D. $(1-p)^6p^4$

二、大题,给出详细步骤

1. 设A,B为随机事件,$P(A)=0.7$,$P(A-B)=0.3$,求$P(\overline{AB})$.

2. 设随机事件A,B相互独立,且A,B都不发生的概率为$\frac{1}{9}$,A发生、B不发生的概率与B发生、A不发生的概率相等,求$P(A)$.

3. 已知$P(\overline{B})=0.2$,$P(\overline{A}B)=0.6$,求$P(A|B)$.

4. 设 A, B 是两个随机事件, $P(A) = p$, $P(AB) = P(\overline{A}\,\overline{B})$, 求 $P(B)$.

5. 已知事件 A, B 满足 $P(AB) = P(\overline{A}\,\overline{B})$, 且 $P(A) = 0.4$, 求 $P(B)$.

6. 设 $P(A) = 0.4$, $P(B) = 0.5$, $P(A \cup B) = 0.7$, 求 $P(\overline{B}|A)$.

7. 三人独立地翻译一份密码, 已知各人能译出的概率分别为 $\dfrac{2}{5}$, $\dfrac{1}{4}$, $\dfrac{1}{3}$, 求三人中至少有一个能将此密码译出的概率.

8. 已知 $P(A) = P(B) = P(C) = \dfrac{1}{4}$, $P(AB) = P(BC) = 0$, $P(AC) = \dfrac{1}{8}$, 求 A, B, C 三个事件中至少出现一个的概率.

9. 已知 $P(A) = P(B) = P(C) = \dfrac{1}{4}$，$P(AB) = 0$，$P(BC) = P(AC) = \dfrac{1}{6}$，求 A，B，C 全不发生的概率.

10. 已知 $P(A) = P(B) = P(C) = \dfrac{1}{4}$，$P(AB) = P(BC) = 0$，$P(AC) = \dfrac{1}{8}$，求 $P(C \mid A \cup B)$.

11. A，B，C 是随机事件，A，C 互不相容，$P(AB) = \dfrac{1}{2}$，$P(C) = \dfrac{1}{3}$，求 $P(AB \mid \overline{C})$.

12. 已知 $P(A) = \dfrac{1}{4}$，$P(B \mid A) = \dfrac{1}{3}$，$P(A \mid B) = \dfrac{1}{2}$，求 $P(A \cup B)$.

13. 甲、乙两人独立地对同一目标射击一次，其命中率分别为 0.6 和 0.5，现已知目标被命中，求它是甲射中的概率.

14. 为了防止意外，在矿内同时设两种报警系统 A，B，每种系统单独使用时，其有效的概率系统 A 为 0.92，系统 B 为 0.93，在 A 失灵的条件下，B 有效的概率为 0.85.

求：

(1) 发生意外时，这两个报警系统至少有一个有效的概率；

(2) B 失灵的条件下，A 有效的概率.

15. 已知 $P(\overline{A}) = 0.3$，$P(B) = 0.4$，$P(A\overline{B}) = 0.5$，求 $P(B \mid A \cup \overline{B})$.

16. 已知 $P(A) = 0.7$，$P(B) = 0.4$，$P(AB) = 0.2$，求 $P(A \mid \overline{A} \cup B)$.

17. 已知 $P(A) = 0.4$, $P(B) = 0.3$, $P(AB) = 0.1$.

求：(1) $P(A-B)$; (2) $P(A \cup B)$; (3) $P(\overline{A}\,\overline{B})$; (4) $P(\overline{A}B)$.

18. 设随机事件 A, B 相互独立, 且 $P(A) = 0.7$, $P(A \cup B) = 0.88$, 求 $P(A-B)$.

1.4 能力训练习题答案

一、选择题

1. A 2. B 3. D 4. C 5. C 6. D 7. B 8. A
9. C 10. B 11. D 12. B 13. B 14. C 15. B 16. C
17. D 18. B 19. D 20. D 21. A 22. B

二、计算题

1. 解：$P(A-B) = P(A) - P(AB) = 0.3$, $\therefore P(AB) = 0.4$,

所以 $P(\overline{AB}) = 1 - P(AB) = 0.6$.

2. 解：已知 $\dfrac{1}{9} = P(\overline{A}\,\overline{B}) = P(\overline{A})P(\overline{B})$, $P(A\overline{B}) = P(A)P(\overline{B}) = P(\overline{A}B) = P(\overline{A})P(B)$

所以 $P(A)(1-P(B)) = (1-P(A))P(B)$, 得 $P(A) = P(B)$, 所以 $P(A) = \dfrac{1}{3}$.

3. 解：$0.6 = P(\overline{A}B) = P(B) - P(AB)$, 所以 $P(AB) = 0.2$, $P(A|B) = \dfrac{P(AB)}{P(B)} = \dfrac{1}{4}$.

4. 解：$P(AB) = P(\overline{A}\,\overline{B}) = P(\overline{A \cup B}) = 1 - P(A \cup B) = 1 - P(A) - P(B) + P(AB)$

所以 $P(A) + P(B) = 1$，$\therefore P(B) = 1 - p$.

5. 解：$P(AB) = P(\bar{A}\,\bar{B}) = P(\overline{A \cup B}) = 1 - P(A \cup B) = 1 - P(A) - P(B) + P(AB)$

所以 $P(A) + P(B) = 1$，$\therefore P(B) = 0.6$.

6. 解：$P(A \cup B) = P(A) + P(B) - P(AB) = 0.7$，所以 $P(AB) = 0.2$

$P(\bar{B}|A) = \dfrac{P(A\bar{B})}{P(A)} = \dfrac{P(A) - P(AB)}{P(A)} = \dfrac{1}{2}$.

7. 解：$A_i = \{$第 i 个人能译出密码$\}$，$i = 1, 2, 3$，

所以 $P(A_1 \cup A_2 \cup A_3) = 1 - P(\bar{A_1}\bar{A_2}\bar{A_3}) = 1 - P(\bar{A_1})P(\bar{A_2})P(\bar{A_3}) = 1 - \dfrac{3}{5} \times \dfrac{3}{4} \times \dfrac{2}{3} = \dfrac{7}{10}$.

8. 解：因为 $ABC \subset AB \Rightarrow 0 \leqslant P(ABC) \leqslant P(AB) = 0 \Rightarrow P(ABC) = 0$，所以

$P(A \cup B \cup C) = P(A) + P(B) + P(C) - P(AB) - P(AC) - P(BC) + P(ABC) = \dfrac{5}{8}$.

9. 解：因为 $ABC \subset AB \Rightarrow 0 \leqslant P(ABC) \leqslant P(AB) = 0 \Rightarrow P(ABC) = 0$，所以

$P(\overline{ABC}) = 1 - P(A \cup B \cup C)$

$= 1 - [P(A) + P(B) + P(C) - P(AB) - P(AC) - P(BC) + P(ABC)] = \dfrac{7}{12}$

10. 解：因为 $ABC \subset AB \Rightarrow 0 \leqslant P(ABC) \leqslant P(AB) = 0 \Rightarrow P(ABC) = 0$，所以

$P(C|A \cup B) = \dfrac{P(AC \cup BC)}{P(A \cup B)} = \dfrac{P(AC) + P(BC) - P(ABC)}{P(A) + P(B) - P(AB)} = \dfrac{1}{4}$.

11. 解：$P(AB|\bar{C}) = \dfrac{P(AB\bar{C})}{P(\bar{C})} = \dfrac{P(AB) - P(ABC)}{P(\bar{C})} = \dfrac{3}{4}$.

12. 解：$\dfrac{1}{3} = P(B|A) = \dfrac{P(AB)}{P(A)} \Rightarrow P(AB) = \dfrac{1}{12}$

$\dfrac{1}{2} = P(A|B) = \dfrac{P(AB)}{P(B)} \Rightarrow P(B) = 2P(AB) = \dfrac{1}{6}$

所以 $P(A \cup B) = P(A) + P(B) - P(AB) = \dfrac{1}{4} + \dfrac{1}{6} - \dfrac{1}{12} = \dfrac{1}{3}$.

13. 解：令 $A = \{$甲射中目标$\}$，$B = \{$乙射中目标$\}$，则 $P(A) = 0.6$，$P(B) = 0.5$，所以

$P(A|A \cup B) = \dfrac{P(A)}{P(A \cup B)} = \dfrac{P(A)}{P(A) + P(B) - P(AB)} = \dfrac{P(A)}{P(A) + P(B) - P(A)P(B)} = \dfrac{3}{4}$.

14. 解：令 $A = \{A$ 系统有效$\}$，$B = \{B$ 系统有效$\}$，则 $P(A) = 0.92$，$P(B) = 0.93$，

$0.85 = P(B|\bar{A}) = \dfrac{P(\bar{A}B)}{P(\bar{A})} = \dfrac{P(B) - P(AB)}{1 - P(A)} \Rightarrow P(AB) = 0.862$ 所以

$(1)P(A \cup B) = P(A) + P(B) - P(AB) = 0.988$.

$(2)P(A\mid\overline{B})=\dfrac{P(A\overline{B})}{P(\overline{B})}=\dfrac{P(A)-P(AB)}{1-P(B)}=0.8286.$

15. 解：$P(A\overline{B})=P(A)-P(AB)=0.5\Rightarrow P(AB)=0.2$，所以

$$P(B\mid A\cup\overline{B})=\frac{P(AB)}{P(A\cup\overline{B})}=\frac{P(AB)}{P(A)+P(\overline{B})-P(A\overline{B})}=\frac{1}{4}$$

16. 解：$P(A\mid\overline{A}\cup B)=\dfrac{P(AB)}{P(\overline{A}\cup B)}=\dfrac{P(AB)}{P(\overline{A})+P(B)-P(\overline{A}B)}=\dfrac{P(AB)}{P(\overline{A})+P(AB)}=\dfrac{2}{5}$

17. 解：$(1)P(A-B)=P(A)-P(AB)=0.3$

$(2)P(A\cup B)=P(A)+P(B)-P(AB)=0.6$

$(3)P(\overline{A}\;\overline{B})=1-[P(A)+P(B)-P(AB)]=0.4$

$(4)P(\overline{A}B)=P(B)-P(AB)=0.2.$

18. 解：$0.88=P(A\cup B)=P(A)+P(B)-P(AB)=P(A)+P(B)-P(A)P(B)$

所以 $P(B)=0.6$，$P(A-B)=P(A)-P(AB)=P(A\cup B)-P(B)=0.28.$

第 2 章　随机变量及其分布

2.1　学习指导

2.1.1　基本要求

（1）理解随机变量的概念；

（2）理解随机变量分布函数的概念与性质；

（3）理解离散型随机变量及其分布律的概念和性质；

（4）理解连续型随机变量的概率密度的概念和性质；

（5）掌握两点分布、二项分布、泊松（Poisson）分布、正态（Normal）分布、指数分布和均匀分布及应用；

（6）会求简单随机变量函数的分布.

2.1.2　主要内容

1. 随机变量

设 S 是某随机试验的样本空间，称定义在样本空间 S 上的实值单值函数 $X = X(\omega)$ 为随机变量.

由定义可知，随机变量是定义在样本空间 S 上的单值实值函数，通常以 X，Y，Z，…等来表示随机变量. 随机变量的取值随试验的结果而定，因此，在试验之前只知道它的取值范围但不能预知它取具体哪个值. 此外，试验的每个结果的出现都有一定的概率. 这些都表明了随机变量与普通函数有着本质的差异.

2. 离散型随机变量及其概率分布

设随机变量 X 只取有限个或可列个数值 x_1，x_2，…，x_n，…，且

$$P\{X = x_k\} = p_k, \ k = 1, 2, \cdots, p_k \geq 0, \sum_{k=1}^{\infty} p_k = 1,$$

则称 X 是离散型随机变量,上述取值规律称为随机变量 X 的概率分布或分布律.

也可用下面表格形式来表示:

X	x_1	x_2	$\cdots$	x_n	$\cdots$
p_k	p_1	p_2	$\cdots$	p_n	$\cdots$

3. 连续型随机变量及其概率密度

设 $F(x)$ 为随机变量 X 的分布函数,若存在一个非负函数 $f(x)$,使得对于任意实数 x 有

$$F(x) = \int_{-\infty}^{x} f(t)\,dt$$

则称 X 为连续型随机变量,其中函数 $f(x)$ 称为 X 的概率密度函数,简称概率密度或分布密度函数.

概率密度 $f(x)$ 具有以下性质:

(1) $f(x) \geq 0$;

(2) $\int_{-\infty}^{+\infty} f(x)\,dx = 1$;

(3) 对任意实数 $x_1 < x_2$, $P\{x_1 < X \leq x_2\} = F(x_2) - F(x_1) = \int_{x_1}^{x_2} f(x)\,dx$;

(4) 若 $f(x)$ 在点 x 处连续,则 $F'(x) = f(x)$.

4. 随机变量的分布函数

设 X 是一个随机变量,x 是任意实数,函数 $F(x) = P\{X \leq x\}$ 称为 X 的分布函数.

分布函数 $F(x)$ 具有如下性质:

(1) $F(x)$ 是一个单调不减函数,即若 $x_1 < x_2$,则有 $F(x_1) \leq F(x_2)$;

(2) $0 \leq F(x) \leq 1$,且 $F(-\infty) = \lim_{x \to -\infty} F(x) = 0$, $F(+\infty) = \lim_{x \to +\infty} F(x) = 1$;

(3) $F(x+0) = F(x)$,即 $F(x)$ 是右连续的;

(4) X 落在 (a, b) 内的概率 $P\{a < X \leq b\} = F(b) - F(a)$.

如果任意函数 $F(x)$ 满足 (1)~(3) 性质,则 $F(x)$ 一定是某个随机变量的分布函数.

注意:①对离散型随机变量 X, $P\{X = x_i\} = F(x_i) - F(x_i - 0)$;

②对连续型随机变量 X,对任意实数 C 有 $P\{X = C\} = 0$.

随即可推出,对于任意实数 a, b,若 $a < b$,有

$$P\{a < X \leq b\} = P\{a < X < b\} = P\{a \leq X < b\}$$
$$= P\{a \leq X \leq b\} = F(b) - F(a)$$

5. 常用概率分布

(1) 两点分布(0-1分布).

若随机变量 X 只能取 0 与 1 两个值, 其概率分布为

$$P\{X=0\} = 1-p,\ P\{X=1\} = p,\ (0<p<1)$$

则称 X 服从两点分布 ($0-1$ 分布), 记为 $X \sim B(1, p)$.

(2) 二项分布.

若随机变量 X 的取值为 $0, 1, \cdots, n, \cdots$ 且概率分布为

$$P\{X=k\} = C_n^k p^k (1-p)^{n-k},\ k = 0, 1, \cdots, n$$

其中 $0<p<1$, 则称 X 服从参数为 n, p 的二项分布, 记为 $X \sim B(n, p)$. 特别当 $n=1$ 时二项分布即为 $0-1$ 分布, 故二项分布是 $0-1$ 分布的推广.

(3) 泊松分布.

设随机变量 X 可能的取值为 $0, 1, \cdots$, 并且

$$P\{X=k\} = \frac{\lambda^k \mathrm{e}^{-\lambda}}{k!},\ k = 0, 1, 2, \cdots$$

其中 $\lambda > 0$ 是常数, 则称随机变量 X 服从参数为 λ 的泊松分布, 记为 $X \sim P(\lambda)$. 特别当 $np = \lambda$, $n \to \infty$ 时, 则 $C_n^k p^k (1-p)^{n-k} \to \frac{\lambda^k}{k!} \mathrm{e}^{-\lambda}$, 可见二项分布的极限分布为泊松分布, 因此当 n 很大与 p 很小时, 可以用泊松分布来作二次分布的近似计算.

(4) 均匀分布.

设随机变量 X 具有概率密度

$$f(x) = \begin{cases} \dfrac{1}{b-a}, & a < x < b \\ 0, & \text{其他} \end{cases}$$

则称 X 在 (a, b) 上服从均匀分布, 记为 $X \sim U(a, b)$. 相应的分布函数为

$$F(x) = \begin{cases} 0, & x < a \\ \dfrac{x-a}{b-a}, & a \leq x < b \\ 1, & x \geq b \end{cases}$$

(5) 指数分布.

如果随机变量 X 的概率密度为

$$f(x) = \begin{cases} \lambda \mathrm{e}^{-\lambda x}, & x > 0 \\ 0, & x \leq 0 \end{cases}$$

其中 $\lambda > 0$ 为常数, 则称 X 服从参数为 λ 的指数分布, 记为 $X \sim E(\lambda)$, 其分布函数为

$$F(x) = \begin{cases} 1 - \mathrm{e}^{-\lambda x}, & x > 0 \\ 0, & x \leq 0 \end{cases}$$

(6) 正态分布.

设随机变量 X 的概率密度为

$$f(x) = \frac{1}{\sqrt{2\pi}\,\sigma}e^{-\frac{(x-\mu)^2}{2\sigma^2}}, \quad -\infty < x < +\infty$$

其中 μ，$\sigma(\sigma > 0)$ 为常数，则称 X 服从正态分布，记为 $X \sim N(\mu, \sigma^2)$．其分布函数为

$$F(x) = \frac{1}{\sqrt{2\pi}\,\sigma}\int_{-\infty}^{x} e^{-\frac{(t-\mu)^2}{2\sigma^2}}\mathrm{d}t, \quad -\infty < x < +\infty$$

当 $\mu = 0$，$\sigma = 1$ 时，称 X 服从标准正态分布，记为 $X \sim N(0, 1)$．用 $\varphi(x)$ 表示其概率密度，$\varPhi(x)$ 表示其分布函数，则

$$\varphi(x) = \frac{1}{\sqrt{2\pi}}e^{-\frac{x^2}{2}}, \quad -\infty < x < +\infty$$

$$\varPhi(x) = \frac{1}{\sqrt{2\pi}}\int_{-\infty}^{x} e^{-\frac{t^2}{2}}\mathrm{d}t, \quad -\infty < x < +\infty$$

$$\varPhi(-x) = 1 - \varPhi(x), \quad \varPhi(0) = \frac{1}{2}$$

如果 $X \sim N(\mu, \sigma^2)$，则 $\dfrac{X-\mu}{\sigma} \sim N(0, 1)$，从而

$$P\{x_1 \leqslant X \leqslant x_2\} = \varPhi\left(\frac{x_2-\mu}{\sigma}\right) - \varPhi\left(\frac{x_1-\mu}{\sigma}\right)$$

注：① $\varPhi(x)$ 为偶数，且其原函数不能用初等函数表示；

② $x = 0$ 时，$\varPhi(x)$ 取到最大值 $\dfrac{1}{\sqrt{2\pi}}$．

6. 离散型随机变量函数的分布

设 X 为离散型随机变量，其概率分布如下：

X	x_1	x_2	x_3	$\cdots$	x_k	$\cdots$
$P\{X = x_i\}$	p_1	p_2	p_3	$\cdots$	p_k	$\cdots$

$Y = f(X)$ 也是随机变量，$y_i = f(x_i)$ 若 y_i 值各不相等，则 Y 的概率分布为：

Y	y_1	y_2	y_3	$\cdots$	y_k	$\cdots$
$P\{Y = y_i\}$	p_1	p_2	p_3	$\cdots$	p_k	$\cdots$

注：当 $f(x_i)$ 中有相同者时，应把那些相等的值分别合并，并根据概率的加法公式把相应的 P_i 相加，即得到 Y 的概率分布．

7. 连续型随机变量函数的分布

（1）公式法. 设随机变量 X 具有概率密度 $f_X(x)$，$-\infty < x < +\infty$，又设随机数 $g(x)$ 处处可导且有 $g'(x) > 0$（或恒有 $g'(x) < 0$），则 $Y = g(X)$ 是连续型随机变量，其概率密度为

$$f_Y(y) = \begin{cases} f_X[h(y)] \, |h'(y)|, & \alpha < y < \beta \\ 0, & \text{其他} \end{cases}$$

其中 $\alpha = \min\{g(-\infty), g(\infty)\}$，$\beta = \max\{g(-\infty), g(\infty)\}$，$h(y)$ 是 $g(x)$ 的反函数.

（2）分布函数法. 先求 Y 的分布函数 $F_Y(y)$，将 $F_Y(y)$ 转化为 X 的分布函数. 即 $F_Y(y) = P\{Y \leq y\} = P\{g(x) \leq y\}$，然后通过对 y 求导，可得 Y 的概率密度 $f_x(y)$.

2.1.3　学习提示

（1）概率统计是研究和揭示大量随机现象的统计规律. 为研究随机现象，揭示客观规律，引入随机试验，并将试验的可能结果即样本空间与实数空间对应起来，引入随机变量的概念，把抽象的样本空间数量化. 这样使我们有可能用数学工具（微积分等）来研究随机试验. 随机变量是研究随机现象和随机试验的有效工具.

（2）我们所研究的随机变量主要有两大类，即离散型与连续型，实际上随机变量并非仅此两类，有既非离散型的，又非连续型的随机变量，例如某随机变量的分布函数为

$$F(x) = \begin{cases} 0, & x < 0 \\ 0.5, & x = 0 \\ 0.5 + 0.5x, & 0 < x < 1 \\ 1, & x \geq 1 \end{cases}$$

则该随机变量就是既非连续型的，又非离散型的.

（3）离散型随机变量的统计规律用概率分布（分布律）来描述；而连续型随机变量的统计规律可用密度函数来描述. 分布函数也是研究随机变量统计规律的重要工具. 要注意连续型随机变量的分布函数总是连续的，且取任一个给定的事件概率为 0；而离散型随机变量的分布函数是阶梯函数.

（4）对连续型随机变量而言，密度函数并没有要求有界，仅要求非负可积.

（5）随机变量的函数仍是随机变量. 掌握由已知的 X 的分布（X 的分布律或概率密度）去求得 $Y = g(X)$ 的分布（Y 的分布律或概率密度）的一般方法.

若 X 是连续型随机变量，$y = g(x)$ 是连续函数，则 $Y = g(X)$ 的概率密度的一般方法如下：

①写出 X 的分布；

②根据分布函数的定义求出 Y 的分布函数：

$$F_Y(y) = P(Y \leq y) = P(g(X) \leq y);$$

③对分布函数求导, 即可得 Y 的密度函数 $f_Y(y) = F_Y'(y)$.

(6) 分布函数的求法.

①已知概率密度, 用积分法求分布函数, 即 $F(x) = \int_{-\infty}^{x} f(t)\mathrm{d}t$;

②概率密度未知的情况下, 可直接用定义来求.

(7) 连续型随机变量在区间内取值的概率可利用分布函数或概率密度函数计算.

①$P\{X = a\} = F(a) - F(a - 0) = 0$;

②$P\{a < X < b\} = \int_a^b f(t)\mathrm{d}t$;

③$P\{X < a\} = P\{X \leqslant a\} = \int_{-\infty}^{a} f(t)\mathrm{d}t = F(a)$;

④$P\{X > b\} = P\{X \geqslant b\} = \int_b^{+\infty} f(t)\mathrm{d}t = 1 - F(b)$.

(8) 离散型随机变量的函数一般还是离散型随机变量, 但连续型随机变量的函数不一定还是连续型随机变量. 例如: 设连续性随机变量 $X \sim U(0, 2)$, 函数 $g(x) = \begin{cases} 1, & x \leqslant 1 \\ x, & x > 1 \end{cases}$, 令 $Y = g(X)$, 则随机变量 Y 的分布函数为

$$F_Y(y) = P\{Y \leqslant y\} = P\{g(X) \leqslant y\} = \begin{cases} P\{\text{不可能事件}\}, & y < 1 \\ P\{X \leqslant y\}, & 1 \leqslant y < 2 \\ P\{\text{必然事件 } S\}, & y \geqslant 2 \end{cases}$$

$$= \begin{cases} 0, & y < 1 \\ \dfrac{y}{2}, & 1 \leqslant y < 2 \\ 1, & y \geqslant 2 \end{cases}$$

由此可知, Y 的分布函数 $F_Y(y)$ 不连续, 则 $Y = g(X)$ 不可能是连续型随机变量.

2.2 典型例题

例1 设离散型随机变量 X 的概率分布为 $P\{X = k\} = C\left(\dfrac{2}{3}\right)^k$, $k = 1, 2, 3, \cdots$, 试确定常数 C.

解 利用概率分布应满足性质, 即 $\sum_{i=1}^{\infty} p_k = 1$ 来确定常数 C.

$$\sum_{i=1}^{\infty} p_k = \sum_{i=1}^{\infty} C\left(\frac{2}{3}\right)^k = C\left[\frac{2}{3} + \left(\frac{2}{3}\right)^2 + \left(\frac{2}{3}\right)^3 + \cdots\right] = C \cdot \frac{\frac{2}{3}}{1 - \frac{2}{3}} = 2C = 1$$

所以 $C = \dfrac{1}{2}$.

例 2　设 X 的分布函数为 $F(x) = \begin{cases} 0, & x < -1 \\ a, & -1 \leqslant x < 1 \\ \dfrac{2}{3} - a, & 1 \leqslant x < 2 \\ a + b, & x \geqslant 2 \end{cases}$，且 $P\{X = 2\} = \dfrac{2}{3}$，

求 a, b 和 X 的概率分布.

解　由题设知 $a + b = 1$，$1 - \left(\dfrac{2}{3} - a\right) = \dfrac{2}{3}$，所以 $a = \dfrac{1}{3}$，$b = \dfrac{2}{3}$

所以 X 的分布律为:

X	-1	1	2
p	$\dfrac{1}{3}$	0	$\dfrac{2}{3}$

依题意可得 X 的取值为 $-1, 1, 2$.

$$P\{X = -1\} = F(-1) - F(-1 - 0) = \dfrac{1}{6}$$

$$P\{X = 1\} = F(1) - F(1 - 0) = \dfrac{1}{2} - \dfrac{1}{6} = \dfrac{1}{3}$$

$$P\{X = 2\} = F(2) - F(2 - 0) = 1 - \dfrac{1}{2} = \dfrac{1}{2}$$

例 3　已知随机变量 X 的密度函数为 $f(x) = \begin{cases} \dfrac{1}{2}\cos x, & |x| \leqslant \dfrac{\pi}{2} \\ 0, & |x| > \dfrac{\pi}{2} \end{cases}$，对 X 独立观察 3 次，

用 Y 表示观察值大于 $\dfrac{\pi}{6}$ 的次数. 求:(1)Y 的分布律;(2) Y 的分布函数.

解　令 $p = P\left\{X > \dfrac{\pi}{6}\right\} = \displaystyle\int_{\frac{\pi}{6}}^{\frac{\pi}{2}} \dfrac{1}{2}\cos x \, \mathrm{d}x = \dfrac{1}{2}\sin x \Big|_{\frac{\pi}{6}}^{\frac{\pi}{2}} = \dfrac{1}{4}$

(1)Y 的分布律为:$P\{Y = k\} = \mathrm{C}_3^k \left(\dfrac{1}{4}\right)^k \left(\dfrac{3}{4}\right)^{3-k}$，$k = 0, 1, 2, 3.$

$$(2)F(y) = \begin{cases} 0, & y < 0 \\ \dfrac{27}{64}, & 0 \leqslant y < 1 \\ \dfrac{27}{32}, & 1 \leqslant y < 2 \\ \dfrac{63}{64}, & 2 \leqslant y < 3 \\ 1, & y \geqslant 3 \end{cases}.$$

例4 设连续型随机变量 X 的分布函数为

$$F(x) = \begin{cases} A + Be^{-\frac{x^2}{2}}, & x > 0 \\ 0, & x \leqslant 0 \end{cases}$$

试求：（1）系数 A 和 B；（2）随机变量 X 的概率密度；（3）随机变量 X 落在区间 $(\sqrt{\ln 4}, \sqrt{\ln 9})$ 内的概率.

解 （1）由于 $F(x)$ 在 $(-\infty, +\infty)$ 内连续，所以

$$\lim_{x \to 0^+} F(x) = \lim_{x \to 0^+} (A + Be^{-\frac{x^2}{2}}) = A + B = F(0) = 0, \ \text{即} \ A + B = 0$$

又

$$\lim_{x \to +\infty} F(x) = \lim_{x \to +\infty} (A + Be^{-\frac{x^2}{2}}) = A = 1, \ \text{即} \ B = -1,$$

故

$$F(x) = \begin{cases} 1 - e^{-\frac{x^2}{2}}, & x > 0 \\ 0, & x \leqslant 0 \end{cases}$$

（2）由连续型随机变量的概率密度 $\varphi(x) = F'(x)$，有

$$\varphi(x) = \begin{cases} xe^{-\frac{x^2}{2}}, & x > 0 \\ 0, & x \leqslant 0 \end{cases}$$

$$(3)P\{\sqrt{\ln 4} < X < \sqrt{\ln 9}\} = F(\sqrt{\ln 9}) - F(\sqrt{\ln 4}) = (1 - e^{-\ln 3}) - (1 - e^{-\ln 2}) = \frac{1}{6}$$

例5 设随机变量 X 的概率密度为 $f(x) = \begin{cases} \dfrac{1}{3}, & x \in [0, 1] \\ \dfrac{2}{9}, & x \in [3, 6] \\ 0, & \text{其他} \end{cases}$,

若 k 使得 $P\{X \geqslant k\} = \dfrac{2}{3}$，求 k 的取值范围.

解　若 $0 \leqslant k < 1$，显然

$$P\{X \geqslant k\} = \int_k^1 \frac{1}{3}\mathrm{d}x + \int_3^6 \frac{2}{9}\mathrm{d}x = \frac{1-k}{3} + \frac{2}{3} = 1 - \frac{k}{3} > \frac{2}{3}$$

当 $1 \leqslant k \leqslant 3$，$P\{X \geqslant k\} = \int_k^3 0 \cdot \mathrm{d}x + \int_3^6 \frac{2}{9}\mathrm{d}x = \frac{2}{3}$

当 $k > 3$ 时，$P\{X \geqslant k\} = \int_k^6 \frac{2}{9}\mathrm{d}x = \frac{2}{9}(6-k) < \frac{2}{3}$

因此 k 的取值范围是 $[1, 3]$.

例 6　设随机变量 X 的概率密度为

$$f(x) = \begin{cases} \dfrac{1}{3\sqrt[3]{x^2}}, & x \in [1, 8] \\ 0, & 其他 \end{cases},$$

$F(x)$ 是 X 的分布函数. 求随机变量 $Y = F(X)$ 的分布函数.

解　易见，当 $x < 1$ 时，$F(x) = 0$；当 $x > 8$ 时，$F(x) = 1$. 对于 $x \in [1, 8]$，有

$$F(x) = \int_1^x \frac{1}{3\sqrt[3]{t^2}}\mathrm{d}t = \sqrt[3]{x} - 1$$

设 $G(y)$ 是随机变量 $Y = F(X)$ 的分布函数；显然，当 $y \leqslant 0$ 时，$G(y) = 0$；当 $y \geqslant 1$ 时，$G(y) = 1$.

对于 $y \in (0, 1)$，有

$$G(y) = P\{Y \leqslant y\} = P\{F(x) \leqslant y\} = P\{\sqrt[3]{X} - 1 \leqslant y\}$$
$$= P\{X \leqslant (y+1)^3\} = F[(y+1)^3] = y$$

于是，$Y = F(X)$ 的分布函数为

$$G(y) = \begin{cases} 0, & y < 0 \\ y, & 0 < y < 1 \\ 1, & y \geqslant 1 \end{cases}$$

例 7　设随机变量 X 服从正态 $N(2, \sigma^2)$ 分布，且 $P\{2 < X < 4\} = 0.3$，求 $P(X < 0)$.

解　方法 1：由 $P\{2 < X < 4\} = P\left\{\dfrac{2-2}{\sigma} < \dfrac{X-2}{\sigma} < \dfrac{4-2}{\sigma}\right\} = \Phi\left(\dfrac{2}{\sigma}\right) - \Phi(0) = 0.3$

$$\Phi\left(\frac{2}{\sigma}\right) = 0.5 + 0.3 = 0.8$$

故

$$P\{X < 0\} = P\left\{\frac{X-2}{\sigma} < \frac{-2}{\sigma}\right\} = \Phi\left(-\frac{2}{\sigma}\right) = 1 - \Phi\left(\frac{2}{\sigma}\right) = 1 - 0.8 = 0.2.$$

方法 2：根据正态分布的密度函数关于 $\mu = 2$ 的对称性，有
$$P\{X<0\} = P\{X<2\} - P\{0\leqslant X<2\} = 0.5 - P\{2<X\leqslant 4\}$$
$$= 0.5 - P\{2<X<4\} = 0.5 - 0.3 = 0.2.$$

例 8 设随机变量 X 服从区间 $[-1,5]$ 上的均匀分布，试求方程 $4x^2 + 4Xx + X + 2 = 0$ 有实根的概率.

解 由于 X 在 $[-1,5]$ 上服从均匀分布，故其概率密度为
$$f(x) = \begin{cases} \dfrac{1}{6}, & -1<x<5 \\ 0, & \text{其他} \end{cases}$$

而方程 $4x^2 + 4Xx + X + 2 = 0$ 有实根的充要条件是 $(4X)^2 - 16(X+2) \geqslant 0$，即 $X^2 - X - 2 \geqslant 0$，故所求概率为
$$P\{X^2 - X - 2 \geqslant 0\} = P\{X \geqslant 2 \text{ 或 } X \leqslant -1\} = P\{X \geqslant 2\} + P\{X \leqslant -1\}$$
$$= \int_2^{+\infty} f(x)\,dx + \int_{-\infty}^{-1} f(x)\,dx = \int_2^5 \frac{1}{6}\,dx = \frac{1}{2}$$

例 9 设 X 的概率密度为 $f(x) = \dfrac{1}{\sqrt{2\pi}}e^{-\frac{(x^2-4x+4)}{6}}$，$-\infty < x < +\infty$. 求：(1) $P\{1<X<3\}$；(2) 使 $\int_0^{+\infty} f(x)\,dx = \int_{-\infty}^c f(x)\,dx$ 的 c.

解 因为 $\dfrac{1}{\sqrt{6\pi}}e^{-\frac{(x^2-4x+4)}{6}} = \dfrac{1}{\sqrt{2\pi}\sqrt{3}}e^{-\frac{(x-2)^2}{2\cdot 3}}$，所以 X 服从正态分布，即 $X \sim N(2,3)$，从而

(1) $P\{1<X<3\} = \Phi\left(\dfrac{3-2}{\sqrt{3}}\right) - \Phi\left(\dfrac{1-2}{\sqrt{3}}\right) = 2\Phi\left(\dfrac{\sqrt{3}}{3}\right) - 1 = 2\Phi(0.5773) - 1 = 0.438$（查表）

(2) 要使 $\int_c^{+\infty} f(x)\,dx = \int_{-\infty}^c f(x)\,dx$，则 c 为概率分布的对称点，由正态分布知 $c = \mu = 2$ 为所求.

例 10 设随机变量 X 的概率密度为 $f(x) = \begin{cases} 4xe^{-2x}, & x \geqslant 0 \\ 0, & x<0 \end{cases}$，求：(1) X 的分布函数；(2) $P\left\{-\dfrac{1}{2} \leqslant X<1\right\}$ 及 $P\left\{X = \dfrac{3}{2}\right\}$.

解 (1) 因分布函数 $F(x) = \int_{-\infty}^x f(x)\,dx$，

当 $x<0$ 时，
$$F(x) = \int_{-\infty}^0 0\,dx = 0;$$

当 $x \geqslant 0$ 时，
$$F(x) = \int_{-\infty}^0 0\,dx + \int_0^x 4xe^{-2x}\,dx = 1 - 2xe^{-2x} - e^{-2x}$$

故 X 的分布函数

$$F(x) = \begin{cases} 1 - 2xe^{-2x} - e^{-2x}, & x \geqslant 0 \\ 0, & x < 0 \end{cases}$$

$(2)\ P\left\{ -\dfrac{1}{2} \leqslant X < 1 \right\} = \displaystyle\int_{-\frac{1}{2}}^{1} f(x)\,\mathrm{d}x = \int_{-\frac{1}{2}}^{0} 0\,\mathrm{d}x + \int_{0}^{1} 4xe^{-2x}\,\mathrm{d}x = 1 - 3e^{-2}$

$P\left\{ X = \dfrac{3}{2} \right\} = 0$，因为连续型随机变量任意一点的概率均为零.

例 11 某高校入学考试的数学成绩近似服从正态分布 $N(65, 100)$，如果 85 分以上为"优秀"，问数学成绩为"优秀"的考生大致占总人数的比例.

解 设 X 表示考生的数学成绩，则 $X \sim N(65, 100)$，于是

$$P\{X > 85\} = 1 - P\{X \leqslant 85\} = 1 - P\left\{ \frac{X - 65}{10} \leqslant \frac{85 - 65}{10} \right\}$$
$$= 1 - \Phi(2) = 1 - 0.9772 = 2.28\%$$

即数学成绩为"优秀"的考生大致占总人数的 2.28%.

例 12 公共汽车车门的高度是按成年男子与门楣碰头的概率不大于 0.01 设计的，设成年男子身高（单位：cm）$X \sim N(170, 6^2)$. 求：(1)试确定车门应设计的最低高度 h；(2)若车门高为 182 cm，100 个男子中与门楣碰头的人数不多于 2 个的概率.

解 (1)设车门高度为 h，则应有 $P\{X > h\} \leqslant 0.01$

$$P\{X > h\} = 1 - P\{X \leqslant h\} = 1 - \Phi\left(\frac{h - 170}{6} \right) \leqslant 0.01$$

即 $\Phi\left(\dfrac{h - 170}{6} \right) \geqslant 0.99$，查表知 $\dfrac{h - 170}{6} \geqslant 2.33$，于是

$$h = 170 + 2.33 \times 6 \approx 184$$

所以车门最低高度应为 184 cm.

(2)当车门高为 182 cm 时，男子与车门碰头的概率为

$$P = P\{X > 182\} = 1 - P\{X \leqslant 182\} = 1 - \Phi\left(\frac{182 - 170}{6} \right)$$
$$= 1 - \Phi(2) = 0.0228$$

设 Y 为 100 个男子中与车门碰头的人数，则 $Y \sim B(100, 0.0228)$，所求概率为

$$P\{Y \leqslant 2\} = P\{Y = 0\} + P\{Y = 1\} + P\{Y = 2\}$$

因 $n = 100$ 较大，$P = 0.0228$ 较小，故可用泊松分布近似代替二项分布，$\lambda = nP = 2.28$，从而

$$P\{Y = k\} \approx \frac{\lambda^k}{k!} e^{-\lambda}$$

$$P(Y \leqslant 2) \approx \frac{2.28^0}{0!} e^{-2.28} + \frac{2.28^1}{1!} e^{-2.28} + \frac{2.28^2}{2!} e^{-2.28} \approx 0.6013$$

思考题

(1)谈谈泊松分布在企业评先进中的应用.

(2)如何用正态分布预测招工考试中的录取分数线、名次及能否被录取?

(3)谈谈几何分布和指数分布及其无记忆性,在哪些场合可以用到这个有趣的性质.

2.3 能力训练习题

一、选择题

1. 设随机变量 X 的分布律为 $P(X=k) = \dfrac{1}{a} \times \dfrac{\lambda^k}{k!}$, $(k=1, 2, \cdots)$, 则 $a = ($ $)$.

A. $e^{-\lambda}$ B. e^{λ}

C. $e^{-\lambda} - 1$ D. $e^{\lambda} - 1$

2. 离散型随机变量 X 的分布函数为 $F(x)$, 则 $P(X=x_k) = ($ $)$.

A. $P(X_{k-1} \leqslant X \leqslant X_k)$ B. $F(X_k) - F(X_{k-1})$

C. $P(X_{k-1} < X \leqslant X_{k+1})$ D. $F(X_{k+1}) - F(X_{k-1})$

3. 若随机变量 X 的分布函数为 $F(x)$, 则下列结论中不一定正确的是($\quad$).

A. $F(-\infty) = 0$ B. $F(+\infty) = 1$

C. $0 \leqslant F(x) \leqslant 1$ D. $F(x)$在$(-\infty, +\infty)$内连续

4. 若随机变量 X 的分布函数为 $F(x)$, 则 $P(A < X < b)$ 为($\quad$).

A. $F(b) - F(a)$ B. $F(b) - F(a) + P(X=a)$

C. $F(b) - F(a) - P(X=a)$ D. $F(b) - F(a) + P(X=b)$

5. 设 $F_1(x)$ 与 $F_2(x)$ 分别为随机变量 X_1 与 X_2 的分布函数, $F(x) = aF_1(x) - bF_2(x)$ 是某一随机变量的分布函数, 在下列各组值中应取($\quad$).

A. $a = \dfrac{2}{3}, b = \dfrac{2}{3}$ B. $a = \dfrac{2}{3}, b = -\dfrac{1}{3}$

C. $a = -\dfrac{1}{2}, b = \dfrac{3}{2}$ D. $a = \dfrac{1}{2}, b = -\dfrac{3}{2}$

6. 下列函数中, 可以做随机变量分布函数的是($\quad$).

A. $F(x) = \dfrac{1}{1+x^2}$ B. $F(x) = \dfrac{3}{4} + \dfrac{1}{2\pi}\arctan x$

C. $F(x) = \begin{cases} 0, & x < 0 \\ \dfrac{x}{1+x}, & x \geqslant 0 \end{cases}$ D. $F(x) = 1 + \dfrac{2}{\pi}\arctan x$

7. 下列函数中, 可以做随机变量的分布函数的是(   ).

A. $F(x) = 1 + \dfrac{1}{x^2}$
B. $F(x) = \dfrac{1}{2} + \dfrac{1}{\pi}\arctan x$

C. $F(x) = \begin{cases} 0, & x \leqslant 0 \\ \dfrac{1}{2}(1 - e^{-x}), & x > 0 \end{cases}$
D. $F(x) = \displaystyle\int_{-\infty}^{x} f(t)\,\mathrm{d}t,$ 其中 $\displaystyle\int_{-\infty}^{+\infty} f(t)\,\mathrm{d}t = 1$

8. 设随机变量 X 的分布律为 $\begin{array}{c|ccc} X & 0 & 1 & 2 \\ \hline P & 0.3 & 0.5 & 0.2 \end{array}$, 其分布函数为 $F(x)$,

则 $F(3) = ($).

A. 0
B. 0.3

C. 0.8
D. 1

9. 设 $F_1(x)$, $F_2(x)$ 为两个分布函数, $f_1(x)$, $f_2(x)$ 为相应的密度函数, 则下列函数为密度函数的是(   ).

A. $f_1(x)f_2(x)$
B. $2f_2(x)F_1(x)$

C. $f_1(x)F_2(x)$
D. $f_1(x)F_2(x) + f_2(x)F_1(x)$

10. 已知连续型随机变量 X 的分布函数为 $F(x) = \begin{cases} 0, & x < 0 \\ kx + b, & 0 \leqslant x < \pi, \\ 1, & x \geqslant \pi \end{cases}$ 则常数 k 和 b 分

别为(   ).

A. $k = \dfrac{1}{\pi}, \ b = 0$
B. $k = 0, \ b = \dfrac{1}{\pi}$

C. $k = \dfrac{1}{2\pi}, \ b = 0$
D. $k = 0, \ b = \dfrac{1}{2\pi}$

11. 设 $f(x)$ 是随机变量 X 的概率密度, 则一定成立的是(   ).

A. $f(x)$ 的定义域为 $[0, 1]$
B. $f(x)$ 非负

C. $f(x)$ 的值域为 $[0, 1]$
D. $f(x)$ 连续

12. 设函数 $f(x)$ 在区间 $[a, b]$ 上等于 $\sin x$, 而在此区间外等于 0, 若 $f(x)$ 可以作为某连续型随机变量 X 的概率密度函数, 则区间 $[a, b]$ 为(   ).

A. $\left[0, \dfrac{\pi}{2}\right]$
B. $[0, \pi]$

C. $[0, 2\pi]$
D. $\left[-\dfrac{\pi}{2}, 0\right]$

13. 若随机变量 X 的概率密度 $f(x) = \begin{cases} 8x, & x \in [0, A], \\ 0, & x \notin [0, A]. \end{cases}$ 则 $A = ($).

A. $\dfrac{1}{4}$
B. $\dfrac{1}{2}$
C. 1
D. 2

14. 若 X 的概率密度为 $f(x) = \begin{cases} x, & 0 \leq x < 1 \\ 2-x, & 1 \leq x < 2 \\ 0, & 其他 \end{cases}$，则 $P(X \leq 2) = ($ $)$.

A. $\int_{-\infty}^{2} (2-x)\,\mathrm{d}x$

B. $\int_{0}^{2} f(x)\,\mathrm{d}x$

C. $\int_{0}^{2} x\,\mathrm{d}x$

D. $\int_{1}^{2} (2-x)\,\mathrm{d}x$

15. 设随机变量的概率密度为 $f(x) = \begin{cases} Bx^{-2}, & x > 1 \\ 0, & x \leq 1 \end{cases}$，则 $B = ($ $)$.

A. $\dfrac{3}{2}$

B. 1

C. -1

D. $\dfrac{1}{2}$

16. 已知连续型随机受量 $X \sim N(3, 2)$，则连续型随机变量 $Y = ($ $) \sim N(0, 1)$.

A. $\dfrac{X-3}{\sqrt{2}}$

B. $\dfrac{X+3}{\sqrt{2}}$

C. $\dfrac{X-3}{2}$

D. $\dfrac{X+3}{2}$

17. 设 $P_1 = P(X \leq \mu - 4)$，$P_2 = P(Y \geq \mu - 5)$，$X \sim N(\mu, 4^2)$，$Y \sim N(\mu, 5^2)$，则( ).

A. $P_1 < P_2$

B. $P_1 > P_2$

C. $P_1 = P_2$

D. 不能确定 P_1，P_2 的大小

18. 设随机变量 $X \sim N(\mu_1, \sigma_1^2)$，$Y \sim N(\mu_2, \sigma_2^2)$，且 $P(|X - \mu_1| < 1) > P(|Y - \mu_2| < 1)$，则( ).

A. $\sigma_1 < \sigma_2$

B. $\sigma_1 > \sigma_2$

C. $\mu_1 < \mu_2$

D. $\mu_1 > \mu_2$

19. 设 $X \sim N(\mu, \sigma^2)$，则概率 $P(X \leq 1 + \mu)$ 为( ).

A. 随 μ 的增大而增大

B. 随 μ 的增大而减小

C. 随 σ 的增大而增大

D. 随 σ 的增大而减小

20. 设随机变量 $X \sim N(1, 1)$，概率密度为 $f(x)$，分布函数为 $F(x)$，则下列正确的是( ).

A. $P(X \leq 0) = P(X > 0)$

B. $P(X > 1) = P(X \leq 1)$

C. $f(-x) = f(x)$，$x \in R$

D. $F(-x) = 1 - F(x)$，$x \in R$

21. 设 $X \sim N(\mu, 1)$，则满足 $P(X < 2) = P(X \geq 2)$ 的参数 $\mu = ($ $)$.

A. 0

B. 1

C. 2

D. 3

22. 设 $X \sim N(1.5, 4)$, 且 $\Phi(1.25) = 0.8944$, $\Phi(1.75) = 0.9599$, 则 $P(-2 < X \leqslant 4) =$
(　　).

A. 0.8543　　　　　　　　　　B. 0.1457

C. 0.3541　　　　　　　　　　D. 0.2543

23. 设 $X \sim N(5, \sigma^2)$, 则当 σ 变小时, $P(|X-5| < \sigma)$ 的值(　　).

A. 变小　　　　　　　　　　B. 变大

C. 不变　　　　　　　　　　D. 不一定

24. 设随机变量 $X \sim N(0, 1)$, 则 X 的分布函数 $\Phi(x)$ 满足(　　).

A. $\Phi(-x) = -\Phi(x)$　　　　　　B. $\Phi(-x) = 1 - \Phi(x)$

C. $\Phi(-x) = \Phi(x) - 1$　　　　　　D. $\Phi(-x) = \Phi(x)$

25. 设随机变量 X 的分布函数为 $F_X(x)$, 则 $Y = 3 - 5X$ 的分布函数 $F_Y(y) = $ (　　).

A. $F_x(5y - 3)$　　　　　　　　B. $5F_x(y) - 3$

C. $F_x\left(\dfrac{y+3}{5}\right)$　　　　　　　　D. $1 - F_x\left(\dfrac{3-y}{5}\right)$

二、大题(给出详细步骤)

1. 设随机变量 X 具有分布律 $\begin{array}{c|cccccc} X & -2 & -1 & 0 & 1 & 2 & 3 \\ \hline P & 2a & 0.1 & 3a & a & a & 2a \end{array}$, 则 $a = $ _____.

2. 设随机变量 X 的分布律为 $\begin{array}{c|ccc} X & -1 & 1 & 3 \\ \hline P & 0.3 & 0.3 & 0.4 \end{array}$, 则 X 的分布函数为_____.

3. 设离散型随机变量 X 的分布函数为 $F(x) = \begin{cases} 0, & x < -1 \\ 0.4, & -1 \leqslant x < 1 \\ 0.8, & 1 \leqslant x < 3 \\ 1, & x \geqslant 3 \end{cases}$, 求 $P(X < 2 \mid X \neq 1)$.

4. 设随机变量 $X \sim P(\lambda)$，且 $P(X = 0) = \dfrac{1}{2}$，求 $P(X > 1)$.

5. 设随机变量 $X \sim P(\lambda)$，且 $P(X = 1) = P(X = 2)$，求 $P(X = 4)$.

6. 已知随机变量 $X \sim P(1)$，即 X 有概率分布律 $P(X = k) = \dfrac{\mathrm{e}^{-1}}{k!}$ $(k = 0, 1, 2, \cdots)$，并记事件 $A = (X \geqslant 2)$，$B = (X < 1)$，求：$(1) P(A \cup B)$；$(2) P(A - B)$；$(3) P(B \mid \overline{A})$.

7. 设随机变量 $X \sim B(2, p)$，$Y \sim B(3, p)$，若 $P(X \geqslant 1) = \dfrac{5}{9}$，求 $P(Y \geqslant 1)$.

8. 设随机变量 X 的概率密度为 $f(x) = \begin{cases} 2x, & 0 < x < 1 \\ 0, & 其他 \end{cases}$，对 X 的三次独立重复观察中，事件 $\left(X \leqslant \dfrac{1}{2}\right)$ 出现的次数为随机变量 Y，求 $P(Y = 1)$.

9. 设 X 为连续性随机变量, 则对于任意确定的常数 a, 有 $P(X = a) = $ _____.

10. 设随机变量 X 的概率密度为 $f(x) = \begin{cases} \sin x, & 0 < x < a \\ 0, & 其他 \end{cases}$, 求 a 的值.

11. 若 $X \sim U[0, 7]$, 求关于 x 的方程 $x^2 + 2Xx + 5X - 4 = 0$ 有实根的概率.

12. 设 $K \sim U[-1, 5]$, 求关于 x 的方程 $4x^2 + 4Kx + K + 2 = 0$ 有实根的概率.

13. 设随机变量 X 的概率密度为 $f(x) = \dfrac{1}{2\sqrt{\pi}} e^{-\frac{(x+3)^2}{4}}$, $(x \in R)$, $Y = $ _____ $\sim N(0, 1)$.

14. 设随机变量 X 的概率密度为 $f(x) = \dfrac{1}{2\sqrt{2\pi}} e^{-\frac{(x+5)^2}{8}}$, $(x \in R)$, $Y = \underline{\hspace{2cm}} \sim N(0, 1)$.

15. 设随机变量 $X \sim N(\mu, \sigma^2)$, 且二次方程 $y^2 + 4y + X = 0$ 无实根的概率为 0.5, 则 $\mu = \underline{\hspace{2.5cm}}$.

16. 设某工程队完成某项工程所需时间 X(天) 近似服从 $N(100, 5^2)$, 工程队上级规定: 若工程在 100 天内完工, 可获得奖金 7 万元; 在 $100 \sim 115$ 天内完工可获得奖金 3 万元; 超过 115 天完工, 罚款 4 万元. 求该工程队在完成此项工程时所获奖金的分布律. [参考数据: $\Phi(3) = 0.9987$, $\Phi(0) = 0.5$]

17. 调查某地方考生的外语成绩 X 近似服从正态分布, 平均成绩为 72 分, 96 分以上(包括 96 分)的占考生总数的 2.3%, 试求:
    (1) 考生的外语成绩在 60 分至 84 分之间的概率;
    (2) 该地外语考试的及格率;
    (3) 若已知第三名的成绩是 96 分, 求不及格的人数.
    [参考数据: $\Phi(1) = 0.8413$, $\Phi(2) = 0.977$]

18. 某地公共汽车车门的高度是按照男子与门楣碰头的概率在 0.01 以下来设计的, 设该地男子的身高 $X \sim N(170, 36)$, 问车门的高度应如何确定? $\left[\text{参考 } \Phi(2.33) = 0.99\right]$

19. 将一温度调节器放置在储存着某种液体的容器内, 调节器整定在 $d℃$, 液体的温度 X(以℃计) 是一个随机变量, 且 $X \sim N(d, 0.5^2)$, 求:

(1) 若 $d = 90℃$, 求 X 小于 89℃ 的概率;

(2) 若要保持液体的温度至少 80℃ 的概率不低于 0.99, 求 d 至少为多少?

$\left[\text{参考数据: } \Phi(2) = 0.977, \Phi(2.33) = 0.99\right]$

20. 由历史记录已知某地区的年总降雨量是随机变量 $X \sim N(500, 100^2)$(单位: mm), 求:

(1) 明年总降雨量为 400~600 mm 的概率;

(2) 明年总降雨量小于何值的概率为 0.1? $\left[\text{参考数据 } \Phi(1) = 0.8413, \Phi(1.28) \approx 0.9\right]$

21. 设随机变量 X 的概率密度函数为 $f(x) = \begin{cases} \dfrac{A}{\sqrt{1-x^2}}, & |x| < 1 \\ 0, & |x| \geq 1 \end{cases}$,

求: (1) 求常数 A; (2) 求 $P(-0.5 < X \leq 0.5)$; (3) 求 X 的分布函数 $F(x)$.

22. 设随机变量 X 的密度函数为 $f(x) = \begin{cases} Ax, & 0 < x < 1 \\ 0, & \text{其他} \end{cases}$,

求:(1)常数 A;(2)$P(-0.5 < X < 0.5)$;(3)X 的分布函数 $F(x)$.

23. 设连续型随机变量 X 的密度函数为 $f(x) = \begin{cases} a\cos x, & |x| < \dfrac{\pi}{2} \\ 0, & |x| \geqslant \dfrac{\pi}{2} \end{cases}$,

求:(1)系数 a;(2)X 的分布函数;(3)$P\left(-\dfrac{\pi}{4} < X < \pi\right)$.

24. 设随机变量 X 的密度函数为 $f(x) = \begin{cases} Ax^2, & 0 < x < 1 \\ 0, & \text{其他} \end{cases}$,

求:(1)常数 A;(2)$P\left(-\dfrac{1}{2} < X < \dfrac{1}{4}\right)$;(3)$X$ 的分布函数 $F(x)$.

25. 设连续型随机变量 X 的概率密度为 $f(x) = \begin{cases} x, & 0 \leqslant x < 1 \\ 2-x, & 1 \leqslant x < 2 \\ 0, & \text{其他} \end{cases}$

求 X 的分布函数 $F(x)$.

26. 设随机变量 X 的分布函数为 $F(x) = \begin{cases} A + Be^{-\frac{x^2}{2}}, & x > 0, \\ 0, & x \leq 0 \end{cases}$

求：(1)常数 A，B；(2)$P(\sqrt{\ln 4} < X < \sqrt{\ln 9})$；(3)$X$ 的密度函数 $f(x)$.

27. 设连续性随机变量 X 的分布函数为 $F(x) = \begin{cases} A + Be^{-2x}, & x > 0, \\ 0, & x \leq 0 \end{cases}$

求：(1)常数 A，B；(2)$P(-1 < X < 1)$；(3)X 的密度函数 $f(x)$.

28. 设随机变量 X 的分布函数为 $F(x) = \begin{cases} 0, & x \leq 0 \\ Ax^2, & 0 < x \leq 1, \\ 1, & x > 1 \end{cases}$

求：(1)常数 A；(2)$P(0.3 < X < 0.7)$；(3)X 的密度函数 $f(x)$.

29. 设随机变量 X 的分布函数为 $F(x) = \begin{cases} 0, & x \leq -a \\ A + B\arcsin \dfrac{x}{a}, & -a < x \leq a, \\ 1, & x > a \end{cases}$

求：(1)常数 A，B；(2)$P\left(-\dfrac{a}{2} < X < \dfrac{a}{2}\right)$；(3)$X$ 的密度函数 $f(x)$.

30. 设随机变量 X 的分布函数为 $F(x) = \begin{cases} 0, & x \leqslant -a \\ A + B\arctan \dfrac{x}{a}, & -a < x \leqslant a, \\ 1, & x > a \end{cases}$

求：(1)常数 A，B；(2)$P\left(0 < X < \dfrac{\sqrt{3}}{3}a\right)$；(3)$X$ 的密度函数 $f(x)$.

2.4 能力训练习题答案

一、选择题

1. D 2. B 3. D 4. B 5. B 6. C 7. B 8. D 9. D

10. A   11. B   12. A   13. B   14. B   15. B   16. A   17. A

18. A   19. D   20. B   21. C   22. A   23. C   24. B   25. D

二、计算题

1. 解：随机变量分布律的和为 1，$a = 0.1$

2. 解：$F(x) = \begin{cases} 0, & x < -1 \\ 0.3, & -1 \leqslant x < 1 \\ 0.6, & 1 \leqslant x < 3 \\ 1, & x \geqslant 3 \end{cases}$

3. 解：X 的分布律为 $\begin{array}{c|ccc} X & -1 & 1 & 3 \\ \hline P & 0.4 & 0.4 & 0.2 \end{array}$，

所以 $P(X < 2 \mid X \neq 1) = \dfrac{P(X < 2, X \neq 1)}{P(X \neq 1)} = \dfrac{2}{3}$.

4. 解：$\dfrac{1}{2} = P(X = 0) = \dfrac{\lambda^0}{0!}e^{-\lambda} \Rightarrow e^{-\lambda} = \dfrac{1}{2}$，$\lambda = \ln 2$，

$P(X > 1) = 1 - P(X = 0) - P(X = 1) = \dfrac{1}{2} - \dfrac{\lambda}{1!}e^{-\lambda} = \dfrac{1}{2}(1 - \ln 2)$.

5. 解：$P(X = 1) = P(X = 2) \Rightarrow \lambda = 2$

$P(X=4)=\dfrac{2^4}{4!}e^{-2}=\dfrac{2}{3}e^{-2}.$

6. 解：$P(A)=P(X\geqslant2)=1-P(X=0)-P(X=1)=1-2e^{-1}$

$P(B)=P(X<1)=P(X=0)=e^{-1}$，并且 A,B 互斥.

所以 $(1)P(A\cup B)=P(A)+P(B)-P(AB)=1-e^{-1}$

$(2)P(A-B)=P(A)=1-2e^{-1}$

$(3)P(B\,|\,\bar{A})=\dfrac{P(B\bar{A})}{P(\bar{A})}=\dfrac{P(B)}{1-P(A)}=\dfrac{1}{2}.$

7. 解：$\dfrac{5}{9}=P(X\geqslant1)=1-P(X=0)=1-(1-p)^2\Rightarrow1-p=\dfrac{2}{3}$

所以 $P(Y\geqslant1)=1-P(Y=0)=1-(1-p)^3=1-\left(\dfrac{2}{3}\right)^3=\dfrac{19}{27}.$

8. 解：$P\left(X\leqslant\dfrac{1}{2}\right)=\displaystyle\int_0^{\frac{1}{2}}2x\mathrm{d}x=x^2\,|_0^{\frac{1}{2}}=\dfrac{1}{4}$，所以 $Y\sim B\left(3,\dfrac{1}{4}\right)$

$P(Y=1)=C_3^1\dfrac{1}{4}\left(\dfrac{3}{4}\right)^2=\dfrac{27}{64}.$

9. 连续型随机变量任意一点的概率均为零.

10. 解：$1=\displaystyle\int_0^a\sin x\mathrm{d}x=-\cos x\,|_0^a=1-\cos a\Rightarrow\cos a=0$，又因为 $f(x)$ 非负，所以 $a=\dfrac{\pi}{2}.$

11. 解：$P(\Delta\geqslant0)=P(4X^2-4(5X-4)\geqslant0)=P(X\geqslant4)+P(X\leqslant1)=\dfrac{4}{7}.$

12. 解：$P(\Delta\geqslant0)=P(16K^2-16(K+2)\geqslant0)=P(X\geqslant2)+P(X\leqslant-1)=\dfrac{1}{2}.$

13. 解：一般正态分布的密度为 $f(x)=\dfrac{1}{\sqrt{2\pi}\sigma}e^{-\frac{(x-\mu)^2}{2\sigma^2}}$，$(x\in R)$，所以对照得 $\mu=-3$，$\sigma=\sqrt{2}$，所以 $Y=\dfrac{X-\mu}{\sigma}=\dfrac{X+3}{\sqrt{2}}\sim N(0,1).$

14. 解：一般正态分布的密度为 $f(x)=\dfrac{1}{\sqrt{2\pi}\sigma}e^{-\frac{(x-\mu)^2}{2\sigma^2}}$，$(x\in R)$，所以对照得 $\mu=-5$，$\sigma=2$，所以 $Y=\dfrac{X-\mu}{\sigma}=\dfrac{X+5}{2}\sim N(0,1).$

15. 解：$P(\Delta<0)=P(16-4X<0)=P(X>4)=0.5$，所以 $\mu=4.$

16. 解：设 Y 为所获的奖金(万元)，所以

$P(Y=7)=P(X\leqslant100)=\Phi\left(\dfrac{100-100}{5}\right)=0.5$

$$P(Y=3)=P(100<X\leqslant115)=\Phi\left(\frac{115-100}{5}\right)-\Phi\left(\frac{100-100}{5}\right)=0.4987$$

$$P(Y=-4)=P(X>115)=1-\Phi\left(\frac{115-100}{5}\right)=0.0013$$

所以奖金的分布律为 $\begin{array}{c|ccc} X & 7 & 3 & -4 \\ \hline P & 0.5 & 0.4987 & 0.0013 \end{array}$.

17. 解：平均分为 72 分，所以 $\mu=72$，

$(2)P(X\geqslant96)=1-P(X<96)=1-\Phi\left(\frac{96-72}{\sigma}\right)=0.023\Rightarrow\Phi\left(\frac{24}{\sigma}\right)=0.977=\Phi(2)$，

所以 $\frac{24}{\sigma}=2\Rightarrow\sigma=12$，所以 $X\sim N(72,\ 12^2)$

$(1)P(60\leqslant X\leqslant84)=\Phi\left(\frac{84-72}{12}\right)-\Phi\left(\frac{60-72}{12}\right)=2\Phi(1)-1=0.6826.$

$P(X\geqslant60)=1-P(X<60)=1-\Phi\left(\frac{60-72}{12}\right)=\Phi(1)=0.8413.$

(3)设总人数为 n，$P(X\geqslant96)\approx\frac{3}{n}=0.023\Rightarrow n=131$，所以不及格人数为 $n\times P(X<60)$

$=131\times0.1587\approx21(人).$

18. 解：设车门的高度为 h，所以

$$P(X>h)<0.01\Rightarrow P(X\leqslant h)=\Phi\left(\frac{h-170}{6}\right)\geqslant0.99=\Phi(2.33)，$$

所以 $\frac{h-170}{6}\geqslant2.33\Rightarrow h\geqslant183.98$，即车门最低约为 184 cm.

19. 解：$(1)P(X<89)=\Phi\left(\frac{89-90}{0.5}\right)=\Phi(-2)=1-\Phi(2)=0.023.$

$(2)P(X\geqslant80)=1-P(X<80)=1-\Phi\left(\frac{80-d}{0.5}\right)\geqslant0.99\Rightarrow\Phi\left(\frac{80-d}{0.5}\right)<0.01=\Phi(-2.33)，$

所以 $\frac{80-d}{0.5}<-2.33$，得 $d>81.165.$

20. 解：$(1)P(400\leqslant X\leqslant600)=\Phi\left(\frac{600-500}{100}\right)-\Phi\left(\frac{400-500}{100}\right)=2\Phi(1)-1=0.6826.$

(2)明年的降雨量为 x mm，所以 $P(X\leqslant x)=\Phi\left(\frac{x-500}{100}\right)=0.1=\Phi(-1.28)$

$\frac{x-500}{100}=-1.28\Rightarrow x=372(\text{mm}).$

21. 解：$(1)1=\int_{-\infty}^{+\infty}f(x)\mathrm{d}x=\int_{-1}^{1}\frac{A}{\sqrt{1-x^2}}\mathrm{d}x=A\arcsin x\mid_{-1}^{1}=\pi A,\ \therefore A=\frac{1}{\pi}.$

$(2) P(-0.5 < X \leqslant 0.5) = \int_{-0.5}^{0.5} \dfrac{1}{\pi\sqrt{1-x^2}} dx = \dfrac{\arcsin x}{\pi} \Big|_{-0.5}^{0.5} = \dfrac{1}{3}.$

$(3) F(x) = \int_{-\infty}^{x} f(t) dt = \begin{cases} \displaystyle\int_{-\infty}^{x} 0 dt, & x < -1 \\[2mm] \displaystyle\int_{-1}^{x} \dfrac{1}{\pi\sqrt{1-t^2}} dt, & -1 \leqslant x < 1 \\[2mm] \displaystyle\int_{-1}^{1} \dfrac{1}{\pi\sqrt{1-t^2}} dt, & x \geqslant 1 \end{cases} = \begin{cases} 0, & x < -1 \\[2mm] \dfrac{\arcsin x}{\pi} + \dfrac{1}{2}, & -1 \leqslant x < 1 \\[2mm] 1, & x \geqslant 1 \end{cases}$

22. 解：$(1) 1 = \int_{-\infty}^{+\infty} f(x) dx = \int_{0}^{1} Ax dx = \dfrac{Ax^2}{2} \Big|_{0}^{1} = \dfrac{A}{2}, \therefore A = 2.$

$(2) P(-0.5 < X \leqslant 0.5) = \int_{-0.5}^{0} 0 dx + \int_{0}^{0.5} 2x dx = x^2 \Big|_{0}^{0.5} = \dfrac{1}{4}.$

$(3) F(x) = \int_{-\infty}^{x} f(t) dt = \begin{cases} \displaystyle\int_{-\infty}^{x} 0 dt, & x < 0 \\[2mm] \displaystyle\int_{0}^{x} 2t dt, & 0 \leqslant x < 1 \\[2mm] \displaystyle\int_{0}^{1} 2t dt, & x \geqslant 1 \end{cases} = \begin{cases} 0, & x < 0 \\ x^2, & 0 \leqslant x < 1. \\ 1, & x \geqslant 1 \end{cases}$

23. 解：$(1) 1 = \int_{-\infty}^{+\infty} f(x) dx = \int_{-\frac{\pi}{2}}^{\frac{\pi}{2}} a\cos x dx = a\sin x \Big|_{-\frac{\pi}{2}}^{\frac{\pi}{2}} = 2a, \therefore a = \dfrac{1}{2}.$

$(2) F(x) = \int_{-\infty}^{x} f(t) dt = \begin{cases} \displaystyle\int_{-\infty}^{x} 0 dt, & x < -\dfrac{\pi}{2} \\[2mm] \displaystyle\int_{-\frac{\pi}{2}}^{x} \dfrac{\cos t}{2} dt, & -\dfrac{\pi}{2} \leqslant x < \dfrac{\pi}{2} \\[2mm] \displaystyle\int_{-\frac{\pi}{2}}^{\frac{\pi}{2}} \dfrac{\cos t}{2} dt, & x \geqslant \dfrac{\pi}{2} \end{cases} = \begin{cases} 0, & x < -\dfrac{\pi}{2} \\[2mm] \dfrac{\sin x + 1}{2}, & -\dfrac{\pi}{2} \leqslant x < \dfrac{\pi}{2}. \\[2mm] 1, & x \geqslant \dfrac{\pi}{2} \end{cases}$

$(3) P\left(-\dfrac{\pi}{4} < X < \pi\right) = \int_{-\frac{\pi}{4}}^{\frac{\pi}{2}} \dfrac{\cos x}{2} dx + \int_{\frac{\pi}{2}}^{\pi} 0 dx = \dfrac{\sin x}{2} \Big|_{-\frac{\pi}{4}}^{\frac{\pi}{2}} = \dfrac{1}{2} + \dfrac{\sqrt{2}}{4}.$

24. 解：$(1) 1 = \int_{-\infty}^{+\infty} f(x) dx = \int_{0}^{1} Ax^2 dx = \dfrac{Ax^3}{3} \Big|_{0}^{1} = \dfrac{A}{3}, \therefore A = 3.$

$(2) P\left(-\dfrac{1}{2} < X < \dfrac{1}{4}\right) = \int_{0}^{\frac{1}{4}} 3x^2 dx + \int_{-\frac{1}{2}}^{0} 0 dx = x^3 \Big|_{0}^{\frac{1}{4}} = \dfrac{1}{64}.$

$(3)F(x) = \int_{-\infty}^{x} f(t)\,dt = \begin{cases} \int_{-\infty}^{x} 0\,dt, & x < 0 \\ \int_{0}^{x} 3t^2\,dt, & 0 \leqslant x < 1 \\ \int_{0}^{1} 3t^2\,dt, & x \geqslant 1 \end{cases} = \begin{cases} 0, & x < 0 \\ x^3, & 0 \leqslant x < 1. \\ 1, & x \geqslant 1 \end{cases}$

25. 解：$F(x) = \int_{-\infty}^{x} f(t)\,dt = \begin{cases} \int_{-\infty}^{x} 0\,dt, & x < 0 \\ \int_{0}^{x} t\,dt, & 0 \leqslant x < 1 \\ \int_{0}^{1} t\,dt + \int_{1}^{x} (2-t)\,dt, & 1 \leqslant x < 2 \\ \int_{0}^{1} t\,dt + \int_{1}^{2} (2-t)\,dt, & x \geqslant 2 \end{cases} = \begin{cases} 0, & x < 0 \\ \dfrac{x^2}{2}, & 0 \leqslant x < 1 \\ 2x - \dfrac{x^2}{2} - 1, & 1 \leqslant x < 2 \\ 1, & x \geqslant 2 \end{cases}$.

26. 解：(1) $\begin{cases} 0 = F(0) = F(0+0) = \lim\limits_{x \to 0^+}(A + Be^{-\frac{x^2}{2}}) = A + B \\ 1 = F(+\infty) = \lim\limits_{x \to +\infty}(A + Be^{-\frac{x^2}{2}}) = A \end{cases} \Rightarrow \begin{cases} A = 1 \\ B = -1 \end{cases}$.

$(2)P(\sqrt{\ln 4} < X < \sqrt{\ln 9}) = F(\sqrt{\ln 9}) - F(\sqrt{\ln 4}) = (1 - e^{-\frac{\ln 9}{2}}) - (1 - e^{-\frac{\ln 4}{2}}) = \dfrac{1}{6}$.

$(3)f(x) = F'(x) = \begin{cases} xe^{-\frac{x^2}{2}}, & x > 0 \\ 0, & x \leqslant 0 \end{cases}$.

27. 解：(1) $\begin{cases} 0 = F(0) = F(0+0) = \lim\limits_{x \to 0^+}(A + Be^{-2x}) = A + B \\ 1 = F(+\infty) = \lim\limits_{x \to +\infty}(A + Be^{-2x}) = A \end{cases} \Rightarrow \begin{cases} A = 1 \\ B = -1 \end{cases}$.

$(2)P(-1 < X < 1) = F(1) - F(-1) = (1 - e^{-2}) - 0 = 1 - e^{-2}$.

$(3)f(x) = F'(x) = \begin{cases} 2e^{-2x}, & x > 0 \\ 0, & x \leqslant 0 \end{cases}$.

28. 解：$(1)1 = F(1+0) = F(1) = A$

$(2)P(0.3 < X < 0.7) = F(0.7) - F(0.3) = 0.49 - 0.09 = 0.4$.

$(3)f(x) = F'(x) = \begin{cases} 2x, & 0 < x < 1 \\ 0, & 其他 \end{cases}$.

29. 解：（1）$\begin{cases} 0 = F(-a) = F(-a+0) = \lim\limits_{x \to -a^+}\left(A + B\arcsin\dfrac{x}{a}\right) = A - \dfrac{\pi}{2}B \\ 1 = F(a+0) = F(a) = A + \dfrac{\pi}{2}B \end{cases} \Rightarrow \begin{cases} A = \dfrac{1}{2} \\ B = \dfrac{1}{\pi} \end{cases}$

（2）$P\left(-\dfrac{a}{2} < X < \dfrac{a}{2}\right) = F\left(\dfrac{a}{2}\right) - F\left(-\dfrac{a}{2}\right) = \left(\dfrac{1}{2} + \dfrac{1}{\pi}\arcsin\dfrac{1}{2}\right) - \left(\dfrac{1}{2} + \dfrac{1}{\pi}\arcsin\left(-\dfrac{1}{2}\right)\right)$

$\qquad\qquad\qquad\quad = \dfrac{1}{3}.$

（3）$f(x) = F'(x) = \begin{cases} \dfrac{1}{\pi\sqrt{a^2 - x^2}}, & -a < x < a \\ 0, & \text{其他.} \end{cases}$

30. 解：

（1）$\begin{cases} 0 = F(-a) = F(-a+0) = \lim\limits_{x \to -a^+}\left(A + B\arctan\dfrac{x}{a}\right) = A - \dfrac{\pi}{4}B \\ 1 = F(a+0) = F(a) = A + \dfrac{\pi}{4}B \end{cases} \Rightarrow \begin{cases} A = \dfrac{1}{2} \\ B = \dfrac{2}{\pi} \end{cases}$

（2）$P\left(0 < X < \dfrac{\sqrt{3}a}{3}\right) = F\left(\dfrac{\sqrt{3}a}{3}\right) - F(0) = \left(\dfrac{1}{2} + \dfrac{2}{\pi}\arctan\dfrac{\sqrt{3}}{3}\right) - \left(\dfrac{1}{2} + \dfrac{2}{\pi}\arctan 0\right) = \dfrac{1}{3}.$

（3）$f(x) = F'(x) = \begin{cases} \dfrac{2a}{\pi(a^2 + x^2)}, & -a < x < a \\ 0, & \text{其他} \end{cases}.$

第3章 多维随机变量及其分布

3.1 学习指导

3.1.1 基本要求

(1)了解二维随机变量的概念;

(2)理解二维随机变量的联合分布函数的概念、性质;

(3)理解离散型联合概率分布、连续型联合概率密度;

(4)掌握二维随机变量的边缘分布、边缘概率密度;

(5)会利用二维概率分布求有关事件的概率;

(6)理解随机变量独立性的概念,掌握应用随机变量的独立性进行概率计算;

(7)了解二维均匀分布、二维正态分布.

3.1.2 主要内容

1. 二维随机变量

设 $S = \{\omega\}$ 为样本空间, $X = X(\omega)$ 和 $Y = Y(\omega)$ 是定义在 S 上的随机变量,由它们构成的一个二维向量 (X, Y) 称为二维随机变量或二维随机向量.

二维随机变量 (X, Y) 的性质不仅与 X 及 Y 有关,而且还依赖于这两个随机变量的相互关系. 因此,逐个讨论 X 和 Y 的性质是不够的,需把 (X, Y) 作为一个整体来讨论. 随机变量 X 常称为一维随机变量.

2. 二维随机变量联合分布或分布函数

设 (X, Y) 是二维随机变量, x, y 为任意实数,事件 $\{X \leqslant x\}$ 和 $\{Y \leqslant y\}$ 同时发生的概率称为二维随机变量 (X, Y) 的联合分布或分布函数,记作 $F(x, y)$,即

$$F(x, y) = P(X \leqslant x, Y \leqslant y)$$

分布函数 $F(x, y)$ 具有以下基本性质:

（1）$0 \leqslant F(x, y) \leqslant 1$.

（2）$F(x, y)$是变量 x 或 y 的单调不减函数，即对任意固定的 y，当 $x_2 > x_1$ 时，$F(x_2, y) \geqslant F(x_1, y)$；对任意固定的 x，当 $y_2 > y_1$ 时，$F(x, y_2) \geqslant F(x, y_1)$.

（3）$F(x, y) = F(x+0, y)$，$F(x, y) = F(x, y+0)$，即 $F(x, y)$ 关于 x 是右连续的，关于 y 也是右连续的.

（4）对于任意(x_1, y_1)，(x_2, y_2)，$x_1 < x_2$，$y_1 < y_2$，有

$$F(x_2, y_2) - F(x_1, y_2) - F(x_2, y_1) + F(x_1, y_1) \geqslant 0$$

二维随机变量(X, Y)作为一个整体，具有联合分布函数 $F(x, y)$. 而 X 和 Y 都是随机变量，各自也有的分布函数，把 X 和 Y 的分布函数分别记为 $F_X(x)$ 和 $F_Y(y)$，并分别称为随机变量(X, Y)关于 X 和 Y 的边缘分布函数. 由分布函数的定义可得到联合分布函数和边缘分布函数的关系.

$$F_X(x) = P(X \leqslant x) = P(X \leqslant x, Y < +\infty) = F(x, +\infty),$$

即

$$F_X(x) = F(x, +\infty).$$

同样

$$F_Y(y) = F(+\infty, y).$$

3. 二维离散型随机变量

若二维随机变量(X, Y)的所有可能取值是有限多对或可列无限多对，则称(X, Y)为二维离散型随机变量.

设(X, Y)是二维离散型随机变量，其所有可能取的值为(x_i, y_i)，$i, j = 1, 2, \cdots$，若(X, Y)取值对(x_i, y_i)的概率

$$P(X = x_i, Y = y_i) = p_{ij},$$

满足

$$p_{ij} \geqslant 0, \sum_{i=1}^{+\infty} \sum_{j=1}^{+\infty} p_{ij} = 1,$$

则称

$$P(X = x_i, Y = y_i) = p_{ij} (i, j = 1, 2, \cdots)$$

为二维离散型随机变量(X, Y)的联合分布律或分布律.

4. 二维离散型随机变量的边缘分布律及分布函数

设二维离散型随机变量(X, Y)的联合分布律为

$$P\{X = x_i, Y = y_j\} = p_{ij} \quad (i = 1, 2, \cdots; j = 1, 2, \cdots)$$

则关于 X 的边缘分布律为

$$p_{i\cdot} = p\{X = x_i\} = \sum_{j=1}^{\infty} P_{ij} \quad (i = 1, 2, \cdots)$$

关于 Y 的边缘分布律为

$$p_{\cdot j} = P\{Y = y_j\} = \sum_{i=1}^{\infty} p_{ij} \quad (j = 1, 2, \cdots)$$

关于 X 的边缘分布函数

$$F_X(x) = F(x, +\infty) = \sum_{x_i \leqslant x} \sum_{j=1}^{\infty} p_{ij}$$

关于 Y 的边缘分布函数

$$F_Y(y) = F(+\infty, y) = \sum_{y_i \leqslant y} \sum_{j=1}^{\infty} p_{ij}$$

5. 二维连续型随机变量及其联合概率分布

设二维随机变量(X, Y)的分布函数为$F(x, y)$. 若存在非负二元函数$f(x, y)$, 对任意实数x, y有

$$F(x, y) = \int_{-\infty}^{x} \int_{-\infty}^{y} f(u, v) \,\mathrm{d}v\mathrm{d}u,$$

则称(X, Y)为二维连续型随机变量, 且称函数$f(x, y)$为二维随机变量(X, Y)的联合密度函数, 简称为联合密度或概率密度.

由定义可知联合密度$f(x, y)$具有以下性质:

(1) $f(x, y) \geqslant 0$;

$$\int_{-\infty}^{+\infty} \int_{-\infty}^{+\infty} f(x, y) \,\mathrm{d}y\mathrm{d}x = F(+\infty, +\infty) = 1.$$

(2) 若$f(x, y)$在点(x, y)处连续, 则

$$\frac{\partial^2 F(x, y)}{\partial x \partial y} = f(x, y).$$

(3) 设G是xOy平面上的一个区域, 则有

$$P((x, y) \in G) = \iint_G f(x, y) \,\mathrm{d}x\mathrm{d}y.$$

6. 二维连续型随机变量(X, Y)的边缘概率密度及分布函数

设二维连续型随机变量(X, Y)的联合概率密度为$f(x, y)$, 则关于X的边缘概率密度为

$$f_X(x) = \int_{-\infty}^{+\infty} f(x, y) \,\mathrm{d}y$$

关于 Y 的边缘概率密度为

$$f_Y(y) = \int_{-\infty}^{+\infty} f(x, y) \,\mathrm{d}x$$

关于 X 的边缘分布函数为

$$F_X(x) = \int_{-\infty}^{x} \left[\int_{-\infty}^{+\infty} f(t, y) \,\mathrm{d}y \right] \mathrm{d}t$$

关于 Y 的边缘分布函数为

$$F_Y(y) = \int_{-\infty}^{y} \left[\int_{-\infty}^{+\infty} f(x, s) \, dx \right] ds$$

7. 随机变量的相互独立

设 $F(x, y)$ 及 $F_X(x)$，$F_Y(y)$ 分别是二维随机变量 (X, Y) 的分布函数及边缘分布函数，若对于所有 x，y 有

$$P\{X \leqslant x, Y \leqslant y\} = P\{X \leqslant x\} P\{Y \leqslant y\}$$

即

$$F(x, y) = F_X(x) F_Y(y)$$

则称随机变量 X 和 Y 相互独立.

8. 随机变量相互独立的等价事件

(1) 若 (X, Y) 为离散型随机变量，则

X 与 Y 相互独立 $\Leftrightarrow p_{ij} = p_{\cdot i} \cdot p_{\cdot j} (i, j = 1, 2, \cdots)$

X 与 Y 相互独立 $\Leftrightarrow P\{X = x_i | Y = y_j\} = P\{X = x_i\}$

(2) 若 (X, Y) 为连续型随机变量，则

X 与 Y 相互独立 $\Leftrightarrow f(x, y) = f_X(x) f_Y(y)$

X 与 Y 相互独立 $\Leftrightarrow f_{X|Y}(x | y) = f_X(x)$

两个随机变量相互独立性可推广到三个或更多个随机变量.

9. 常见的二维连续型随机变量分布

(1) 均匀分布. 如果二维连续型随机变量 (X, Y) 的概率密度为

$$f(x, y) = \begin{cases} \dfrac{1}{A}, & (x, y) \in G \\ 0, & \text{其他} \end{cases}$$

其中 A 是平面区域 G 的面积，则称 (X, Y) 在 G 上服从二维均匀分布，记为 $(X, Y) \sim U(G)$.

(2) 二维正态分布. 如果二维随机变量 (X, Y) 的概率密度为

$$f(x, y) = \frac{1}{2\pi\sigma_1\sigma_2\sqrt{1-\rho^2}} e^{-\frac{1}{2(1-\rho^2)}\left[\frac{(x-\mu_1)^2}{\sigma_1^2} - 2\rho\frac{(x-\mu_1)(y-\mu_2)}{\sigma_1\sigma_2} + \frac{(y-\mu_2)^2}{\sigma_2^2}\right]}$$

其中 $-\infty < \mu_1, \mu_2 < +\infty$，$\sigma_1 > 0$，$\sigma_2 > 0$，$|\rho| < 1$，则称 (X, Y) 服从二维正态分布，记为 $(X, Y) \sim N(\mu_1, \mu_2; \sigma_1^2, \sigma_2^2; \rho)$. 若 (X, Y) 服从二维正态分布，则有 $X \sim N(\mu_1, \sigma_1^2)$，$Y \sim N(\mu_2, \sigma_2^2)$.

3.1.3　学习提示

(1) 边缘分布是反映二维随机变量 (ξ, η) 中的个别随机变量 ξ 或 η 的分布的. 一般来

说，由二维随机变量的联合分布可求边缘分布，但边缘分布不能确定联合分布.

例如：有两个二维随机变量的联合密度函数分别为

$$f(x, y) = \begin{cases} x+y, & 0 \leq x, y \leq 1 \\ 0, & 其他 \end{cases}$$

$$g(x, y) = \begin{cases} \left(\dfrac{1}{2}+x\right)\left(\dfrac{1}{2}+y\right), & 0 \leq x, y \leq 1 \\ 0, & 其他 \end{cases}$$

显然 $f(x, y) \neq g(x, y)$，得边缘密度分别为

$$f_X(x) = g_X(x) = \begin{cases} \dfrac{1}{2}+x, & 0 \leq x \leq 1 \\ 0, & 其他 \end{cases},$$

$$f_Y(y) = g_Y(y) = \begin{cases} \dfrac{1}{2}+y, & 0 \leq y \leq 1 \\ 0, & 其他 \end{cases}.$$

注意：在随机变量相互独立的情况下，边缘分布能确定联合分布.

(2)已知二维随机变量的联合概率密度(或联合分布函数)可以计算边缘概率密度(或边缘分布函数)，再根据独立性的定义或性质，可以判别两个随机变量是否独立.

(3)判断两个随机变量是否相互独立不一定非用边缘分布，例如对二维离散型随机变量，若联合分布律中含0，则一定不独立. 对二维连续型随机变量而言，若联合分布函数或联合密度函数可表示成一个仅含 x 的函数与一个仅含 y 的函数的积，则它们一定独立.

(4)随机变量的独立性是事件独立性的扩充，常根据实际问题判定. 如 X，Y 分别表示甲、乙两人的考试成绩，则一般认为 X、Y 是独立的.

(5)随机变量 X，Y 均服从正态分布，但 (X, Y) 不一定服从二维正态分布，$X+Y$ 不一定服从正态分布.

3.2 典型例题

例 1 设二维随机变量 (X, Y) 的联合分布律为

X \ Y	0	1	2
0	$\dfrac{1}{8}$	$\dfrac{1}{4}$	$\dfrac{1}{8}$
1	$\dfrac{1}{6}$	$\dfrac{1}{6}$	c

(1)求常数 c；

（2）计算 $P\{X=0, Y\leqslant 1\}$，$P\{X=0\}$，$P\{Y=1\}$；

（3）设 (X, Y) 的分布函数为 $F(x, y)$，求 $F(1, 2)$．

解　（1）由联合分布律的性质 $\sum\limits_{i=1}^{\infty}\sum\limits_{j=1}^{\infty}p_{ij}=1$，有

$$\frac{1}{8}+\frac{1}{4}+\frac{1}{8}+\frac{1}{6}+\frac{1}{6}+c=1,\ 得\ c=\frac{1}{6}.$$

（2）$P\{X=0, Y\leqslant 1\}=P\{X=0, Y=0\}+P\{X=0, Y=1\}=\frac{1}{8}+\frac{1}{4}=\frac{3}{8}$

$$P\{X=0\}=P\{X=0, Y=0\}+P\{X=0, Y=1\}+P\{X=0, Y=2\}=\frac{1}{8}+\frac{1}{4}+\frac{1}{8}=\frac{1}{2}$$

$$P\{Y=1\}=P\{X=0, Y=1\}+P\{X=1, Y=1\}=\frac{1}{4}+\frac{1}{6}=\frac{5}{12}.$$

（3）由分布函数的定义可知

$$F(1, 2)=P\{X\leqslant 1, Y\leqslant 2\}=P\{S\}=1.$$

例 2　整数 X 随机地在 2，3，4 三个整数中取一个值，整数 Y 随机地在 $2\sim X$ 中取一个值，试求 (X, Y) 的联合分布律.

解　数 X 随机的取值为 2，3，4，由条件概率公式得

$$P\{X=2, Y=2\}=P\{X=2\}P\{Y=2|X=2\}=\frac{1}{3}\times 1=\frac{1}{3}$$

$$P\{X=2, Y=K\}=0,\ K=3, 4$$

$$P\{X=3, Y=2\}=P\{X=3\}P\{Y=2|X=3\}=\frac{1}{3}\times\frac{1}{2}=\frac{1}{6}$$

$$P\{X=3, Y=3\}=\frac{1}{3}\times\frac{1}{2}=\frac{1}{6}$$

$$P\{X=3, Y=4\}=0$$

$$P\{X=4, Y=K\}=\frac{1}{3}\times\frac{1}{3}=\frac{1}{9},\ K=2, 3, 4$$

于是 (X, Y) 的联合分布律为

X＼Y	2	3	4
2	$\frac{1}{3}$	0	0
3	$\frac{1}{6}$	$\frac{1}{6}$	0
4	$\frac{1}{9}$	$\frac{1}{9}$	$\frac{1}{9}$

例3 （1）设两个随机变量 X 与 Y 相互独立且同分布：$P\{X = -1\} = P\{Y = -1\} = P\{X = 1\} = P\{Y = 1\} = \dfrac{1}{2}$，分析下列选项的对错.

A. $P\{X = Y\} = \dfrac{1}{2}$ B. $P\{X = Y\} = 1$

C. $P\{X + Y = 0\} = \dfrac{1}{4}$ D. $P\{XY = 1\} = \dfrac{1}{4}$

分析 $P\{X = Y\} = P\{X = -1, Y = -1\} + P\{X = 1, Y = 1\} = \dfrac{1}{2} \times \dfrac{1}{2} + \dfrac{1}{2} \times \dfrac{1}{2} = \dfrac{1}{2}$

$P = \{X + Y = 0\} = P\{X = 1, Y = -1\} + P\{X = -1, Y = 1\} = \dfrac{1}{2} \times \dfrac{1}{2} + \dfrac{1}{2} \times \dfrac{1}{2} = \dfrac{1}{2}$

$P\{XY = 1\} = P\{X = 1, Y = 1\} + P\{X = -1, Y = -1\} = \dfrac{1}{2} \times \dfrac{1}{2} + \dfrac{1}{2} \times \dfrac{1}{2} = \dfrac{1}{2}$

所以 B、C、D 都不对. 故选 A.

（2）设二维随机变量 (X, Y) 的联合分布律为

X \ Y	0	1	2
0	0.1	0.2	0
1	0.3	0.1	0.1
2	0.1	0	0.1

求 $P\{XY = 0\}$.

解 $P\{XY = 0\} = P\{X = 0, Y = 0\} + P\{X = 0, Y = 1\}$
$+ P\{X = 0, Y = 2\} + P\{X = 1, Y = 0\} + P\{X = 2, Y = 0\}$
$= 0.1 + 0.2 + 0.3 + 0.1 = 0.7$

例4 设随机变量 (X, Y) 的联合概率密度为

$$f(x, y) = \begin{cases} Axy, & 0 \leqslant x \leqslant 1, 0 \leqslant y \leqslant 1 \\ 0, & \text{其他} \end{cases}$$

试求：（1）常数 A；（2）X 和 Y 的联合分布函数 $F(x, y)$.

解 （1）由于

$$1 = \int_{-\infty}^{+\infty} \int_{-\infty}^{+\infty} f(x, y) \mathrm{d}x\mathrm{d}y = A\int_0^1 \int_0^1 xy\mathrm{d}x\mathrm{d}y = \dfrac{A}{4}.$$ 所以得 $A = 4$.

（2）因为 $F(x, y) = P\{X \leqslant x, Y \leqslant y\} = \int_{-\infty}^{x} \int_{-\infty}^{y} f(u, v) \mathrm{d}u\mathrm{d}v$

① 当 $x < 0$ 或 $y < 0$ 时，有 $f(x, y) = 0$，则 $F(x, y) = 0$

② 当 $0 \leqslant x < 1, 0 \leqslant y < 1$ 时，有 $f(x, y) = 4xy$，则

$$F(x, y) = \int_0^x \int_0^y 4uv\mathrm{d}u\mathrm{d}v = 4\int_0^x u\mathrm{d}u \int_0^y v\mathrm{d}v = x^2 y^2$$

③当 $x \geqslant 1$, $y \geqslant 1$ 时, 有 $F(x, y) = \int_0^1 \int_0^1 4uv\mathrm{d}u\mathrm{d}v = 1$

④当 $x \geqslant 1$, $0 \leqslant y < 1$ 时, 有 $F(x, y) = \int_0^1 \int_0^y 4uv\mathrm{d}u\mathrm{d}v = \int_0^1 u\mathrm{d}u \int_0^y v\mathrm{d}v = y^2$

⑤当 $0 \leqslant x < 1$, $y \geqslant 1$ 时, 有 $F(x, y) = \int_0^x \int_0^1 4uv\mathrm{d}u\mathrm{d}v = \int_0^x u\mathrm{d}u \int_0^1 v\mathrm{d}v = x^2$

故 X 与 Y 的联合分布函数为

$$F(x, y) = \begin{cases} 0, & x < 0 \text{ 或 } y < 0 \\ x^2 y^2, & 0 \leqslant x < 1, \ 0 \leqslant y < 1 \\ x^2, & 0 \leqslant x < 1, \ y \geqslant 1 \\ y^2, & x \geqslant 1, \ 0 \leqslant y < 1 \\ 1, & x \geqslant 1, \ y \geqslant 1 \end{cases}$$

例 5　设 (X, Y) 的分布函数为 $F(x, y) = \dfrac{1}{\pi^2}\left(\dfrac{\pi}{2} + \arctan\dfrac{x}{2}\right)\left(\dfrac{\pi}{2} + \arctan\dfrac{y}{3}\right)$,

求 (1) X, Y 的边缘分布函数和边缘概率密度;

(2) X 和 Y 是否相互独立;

(3) $P\{-2 < X \leqslant 2, 0 \leqslant Y \leqslant 3\}$.

解　(1) 因为已知

$$F(x, y) = \dfrac{1}{\pi^2}\left(\dfrac{\pi}{2} + \arctan\dfrac{x}{2}\right)\left(\dfrac{\pi}{2} + \arctan\dfrac{y}{3}\right)$$

所以 (X, Y) 的联合概率密度为

$$f(x, y) = \dfrac{\partial^2 F(x, y)}{\partial x \partial y} = \dfrac{6}{\pi^2(x^4 + 4)(y^2 + 9)}$$

X 的边缘分布函数为

$$F_X(x) = P\{X \leqslant x\} = P\{X \leqslant x, \ Y < +\infty\} = F(x, +\infty)$$

$$= \dfrac{1}{\pi^2}\left(\dfrac{\pi}{2} + \arctan\dfrac{x}{2}\right)\left(\dfrac{\pi}{2} + \dfrac{\pi}{2}\right) = \dfrac{1}{2} + \dfrac{1}{\pi}\arctan\dfrac{x}{2}$$

X 的边缘概率密度为

$$f_X(x) = \dfrac{\mathrm{d}}{\mathrm{d}x}F_X(x) = \dfrac{2}{\pi(x^2 + 4)}$$

同理可得, Y 的边缘分布函数为

$$F_Y(y) = F(+\infty, y) = \dfrac{1}{2} + \dfrac{1}{\pi}\arctan\dfrac{y}{3}$$

Y 边缘概率密度为

$$f_Y(y) = \frac{d}{dy}F_Y(y) = \frac{3}{\pi(y^2+9)}.$$

(2)因为对 $\forall X, Y \in R$，都有 $F(x, y) = F_X(x)F_Y(y)$ [或 $f(x, y) = f_X(x)f_Y(y)$]，故 X, Y 相互独立.

(3)$P\{-2 < X \leq 2, 0 < Y \leq 3\} = \int_{-2}^{2}\int_{0}^{3}f(x, y)dxdy$

$= F(2, 3) - F(-2, 3) - F(2, 0) + F(-2, 0)$

$= \frac{9}{16} - \frac{3}{16} - \frac{3}{8} + \frac{1}{8} = \frac{1}{8}.$

例 6 设随机变量 (X, Y) 的概率密度为

$$f(x, y) = \begin{cases} A(R - \sqrt{x^2 + y^2}), & x^2 + y^2 \leq R^2 \\ 0, & \text{其他} \end{cases}$$

求：(1) 系数 A 的值；

(2) 概率 $P\{(x, y) \in x^2 + y^2 \leq R_1^2\}$ $(R_1 \leq R)$.

解 (1)$1 = \int_{-\infty}^{+\infty}\int_{-\infty}^{+\infty}f(x, y)dxdy = \iint\limits_{x^2+y^2=R^2} A(R - \sqrt{x^2 + y^2})dxdy$

$= A\int_0^{2\pi}d\theta\int_0^R (R - r)rdr = A\pi R^3/3$

所以 $$A = \frac{3}{\pi R^3}$$

(2)$P\{(x, y) \in x^2 + y^2 \leq R_1^2\} = \frac{3}{\pi R^3}\int_0^{2\pi}d\theta\int_0^{R_1} (R - r)rdr = \frac{3R_1^2}{R^3}\left(1 - \frac{2R_1}{3R}\right)$

例 7 设二维随机变量 (X, Y) 在曲线 $y = x^2$ 与 $x = y^2$ 所围成的区域 D 中服从均匀分布，试求：

(1)(X, Y) 的联合概率密度；

(2) 边缘分布密度 $f_X(x), f_Y(y)$；

(3)$P\{Y \geq X\}$.

解 (1) 如右图所示，区域 D 的面积

$$A = \int_0^1 (\sqrt{x} - x^2)dx = \left(\frac{2}{3}x^{\frac{3}{2}} - \frac{1}{3}x^3\right)\bigg|_0^1 = \frac{1}{3}$$

所以 (X, Y) 的联合密度为

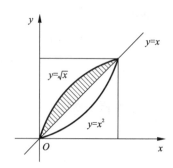

$$f(x, y) = \begin{cases} 3, & (x, y) \in D \\ 0, & \text{其他} \end{cases}$$

$(2) f_X(x) = \int_{-\infty}^{+\infty} f(x, y) \mathrm{d}y = \begin{cases} \int_{x^2}^{\sqrt{x}} 3\mathrm{d}y = 3(\sqrt{x} - x^2), & 0 \leqslant x \leqslant 1 \\ 0, & \text{其他} \end{cases}$

$f_Y(y) = \int_{-\infty}^{+\infty} f(x, y) \mathrm{d}x = \begin{cases} \int_{y^2}^{\sqrt{y}} 3\mathrm{d}x = 3(\sqrt{y} - y^2), & 0 \leqslant y \leqslant 1 \\ 0, & \text{其他} \end{cases}$

$(3) P\{Y \geqslant X\} = \iint_{y \geqslant x} f(x, y) \mathrm{d}x\mathrm{d}y = \iint_{D^*} 3\mathrm{d}x\mathrm{d}y = 3\int_0^1 \mathrm{d}x \int_x^{\sqrt{x}} \mathrm{d}y$

$= 3\int_0^1 (\sqrt{x} - x) \mathrm{d}x = 3 \times \left(\frac{2}{3}x^{\frac{3}{2}} - \frac{x^2}{2} \right) \Big|_0^1 = \frac{1}{2} (D^*$ 为图中阴影部分$)$

注：联合分布密度 $f(x, y)$ 是分段函数，则边缘密度也是分段函数.

例 8　掷二枚硬币，以 X 表示第一枚硬币出现正面的次数，Y 表示第二枚硬币出现正面的次数，试求二维随机变量 (X, Y) 的联合分布律及分布函数.

解　(1)依题意 X, Y 的取值为 0(不出现正面)和 1(出现正面)，且 $P\{X = 0, Y = 0\} = P\{X = 0, Y = 1\} = P\{X = 1, Y = 0\} = P\{X = 1, Y = 1\} = \frac{1}{4}$.

所以 (X, Y) 的分布律为：

X \ Y	0	1
0	$\frac{1}{4}$	$\frac{1}{4}$
1	$\frac{1}{4}$	$\frac{1}{4}$

(2)由 $F(x, y) = P\{X \leqslant x, Y \leqslant y\}$ 得

当 $x < 0$ 或 $y < 0$ 时，有 $F(x, y) = P\{\phi\} = 0$

当 $0 \leqslant x < 1, 0 \leqslant y < 1$ 时，有 $F(x, y) = P\{X = 0, Y = 0\} = \frac{1}{4}$

当 $0 \leqslant x < 1, y \geqslant 1$ 时

有 $F(x, y) = P\{X = 0, Y = 0\} + P\{X = 0, Y = 1\} = \frac{1}{4} + \frac{1}{4} = \frac{1}{2}$

当 $x \geqslant 1, 0 \leqslant y < 1$ 时

有 $F(x, y) = P\{X = 0, Y = 0\} + P\{X = 1, Y = 0\} = \frac{1}{4} + \frac{1}{4} = \frac{1}{2}$

当 $x \geqslant 1, y \geqslant 1$ 时，有 $F(x, y) = P\{S\} = 1$

所以 (X, Y) 的联合分布函数为

$$F(x, y) = \begin{cases} 0, & x < 0 \text{ 或 } y < 0 \\ \dfrac{1}{4}, & 0 \leq x < 1, \ 0 \leq y < 1 \\ \dfrac{1}{2}, & x \geq 1, \ 0 < y \leq 1 \\ \dfrac{1}{2}, & 0 \leq x < 1, \ y \geq 1 \\ 1, & x \geq 1, \ y \geq 1 \end{cases}$$

例 9 甲、乙两人独立地进行两次射击, 设甲的命中率为 0.2, 乙的命中率为 0.5, 用 X, Y 分别表示甲和乙的命中次数, 求 (X, Y) 的分布律.

解 依题意, X, Y 的可能取值都为 0, 1, 2, 求 $p_{ij}(i, j = 0, 1, 2)$.

因甲命中与否不影响乙命中的概率, 反之亦然, 故可认为 X, Y 相互独立, 而显然有 $X \sim B(2, 0.2)$, $Y \sim B(2, 0.5)$, 从而

$$\begin{aligned} P_{ij} &= P\{X = i, Y = j\} = P\{X = i\}P\{Y = j\} \\ &= C_2^i 0.2^i \times 0.8^{2-i} \cdot C_2^j 0.5^j \times 0.5^{2-j} \\ &= \frac{(2!)^2}{i! \ j! \ (2-i)! \ (2-j)!} \cdot 0.2^i \times 0.5^j \times 0.8^{2-i} \times 0.5^{2-j} (i, j = 0, 1, 2) \end{aligned}$$

故 (X, Y) 的分布律为

X \ Y	0	1	2
0	0.16	0.32	0.16
1	0.08	0.16	0.08
2	0.01	0.02	0.01

例 10 一旅客到达火车站的时间 X 均匀分布在早上 7:55 到 8:00, 而火车在这段时间开出的时刻为 Y, 且 Y 具有密度函数为

$$f_Y(y) = \begin{cases} \dfrac{2}{25}(5 - y), & 0 \leq y \leq 5 \\ 0, & \text{其他} \end{cases}$$

求旅客能乘上火车的概率.

解 因为 X 均匀分布在区间 $[7:55, 8:00]$, 将 7:55 作为时间轴(单位: 分)的起点, 则 X 在 $[0, 5]$ 上服从均匀分布, 其概率密度为

$$f_X(x) = \begin{cases} \dfrac{1}{5}, & 0 \leq x \leq 5 \\ 0, & \text{其他} \end{cases}$$

由于 X 与 Y 之间互不影响,可以认为相互独立,于是可得 (X, Y) 的联合概率密度为

$$f(x, y) = \begin{cases} \dfrac{2}{125}(5-y), & 0 \leqslant x \leqslant 5, \ 0 \leqslant y \leqslant 5 \\ 0, & \text{其他} \end{cases}$$

事件"旅客能乘上火车"可以表示为"$Y > X$",也就是 "$0 < Y - X \leqslant 5$",于是所求概率为

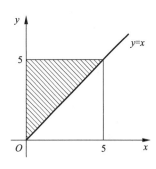

$$P\{0 < Y - X \leqslant 5\} = \iint\limits_{0 < y-x \leqslant 5} f(x, y) = \mathrm{d}x\mathrm{d}y$$

$$= \iint\limits_{D} \frac{2}{125}(5-y) \mathrm{d}x\mathrm{d}y$$

$$= \int_0^5 \mathrm{d}x \int_x^5 \frac{2}{125}(5-y) \mathrm{d}y = \frac{1}{3}$$

(D 为上图中阴影部分)

例 11 一个电子仪器包含两个主要元件,分别以 X 和 Y 表示这两个元件的寿命(单位:小时),如果 (X, Y) 的联合分布函数为

$$F(x, y) = \begin{cases} 1 - \mathrm{e}^{-0.01x} - \mathrm{e}^{-0.01y} + \mathrm{e}^{-0.01(x+y)}, & x \geqslant 0, \ y \geqslant 0 \\ 0, & \text{其他} \end{cases}$$

求两元件的寿命均超过 120 小时的概率.

解 方法 1:因为 X 和 Y 的边缘分布函数分别为

$$F_X(x) = F(x, +\infty) = \begin{cases} 1 - \mathrm{e}^{-0.01x}, & x \geqslant 0 \\ 0, & \text{其他} \end{cases}$$

$$F_Y(y) = F(+\infty, y) = \begin{cases} 1 - \mathrm{e}^{-0.01y}, & y \geqslant 0 \\ 0, & \text{其他} \end{cases}$$

由于 $x \geqslant 0, \ y \geqslant 0$ 时

$$F_X(x)F_Y(y) = (1 - \mathrm{e}^{-0.01x})(1 - \mathrm{e}^{-0.01y}) = 1 - \mathrm{e}^{-0.01x} - \mathrm{e}^{-0.01y} + \mathrm{e}^{-0.01(x+y)} = F(x, y)$$

故 X 与 Y 相互独立,从而所求概率为

$$P\{X > 120, Y > 120\} = P\{X > 120\} \cdot P\{Y > 120\}$$

$$= [1 - P\{X \leqslant 120\}][1 - P\{Y \leqslant 120\}]$$

$$= [1 - F_X(120)][1 - F_Y(120)]$$

$$= (1 - 1 + \mathrm{e}^{-1.2})^2 = \mathrm{e}^{-2.4}$$

方法 2:由于 (X, Y) 的联合概率密度为

$$f(x, y) = \frac{\partial^2 F(x, y)}{\partial x \partial y} = \begin{cases} 0.0001\mathrm{e}^{-0.01(x+y)}, & x \geqslant 0, \ y \geqslant 0 \\ 0, & \text{其他} \end{cases}$$

$$f_X(x) = \int_{-\infty}^{+\infty} f(x, y) \mathrm{d}y = \begin{cases} 0.01\mathrm{e}^{-0.01x}, & x \geqslant 0 \\ 0, & \text{其他} \end{cases}$$

同理

$$f_Y(y) = \begin{cases} 0.01e^{-0.01y}, & y \geq 0 \\ 0, & \text{其他} \end{cases}$$

由于 $f_X(x) = f_Y(y) = f(x,y)$，知 X 与 Y 相互独立，于是所求概率为

$$P\{X > 120, Y > 120\} = P\{X > 120\} \cdot P\{Y > 120\}$$

$$= \int_{120}^{+\infty} 0.01e^{-0.01x}dx \cdot \int_{120}^{+\infty} 0.01e^{-0.01y}dy = e^{-2.4}$$

方法 3：利用公式

$$P\{x_1 < X \leq x_2, y_1 < Y \leq y_2\} = F(x_2, y_2) - F(x_2, y_1) - F(x_1, y_2) + F(x_1, y_1)$$

有

$$P\{X > 120, Y > 120\} = F(+\infty, +\infty) - F(+\infty, 120) - F(120, +\infty) + F(120, 120)$$

$$= 1 - (1 - e^{1.2}) - (1 - e^{1.2}) + 1 - e^{-1.2} - e^{-1.2} - e^{-2.4}$$

$$= e^{-2.4}$$

例 12 设某种型号电子管的寿命（以小时计）近似地服从 $N(160, 20^2)$ 的分布，随机地选取 4 只，求其中没有一只寿命小于 180 小时的概率.

解 设 $X = $ "某种型号电子管的寿命"，则 $X \sim N(160, 20^2)$.

故其概率密度为

$$f_X(x) = \frac{1}{\sqrt{2\pi} \cdot 20} e^{-\frac{(x-160)^2}{2 \cdot 20^2}}$$

随机选 4 只，设寿命分别为 X_1, X_2, X_3, X_4 相互独立且有相同分布，概率密度为 $f_X(x)$，分布函数为 $F(x)$，依题意求 $Z = \min\{X_1, X_2, X_3, X_4\} \geq 180$ 的概率.

因为

$$P\{Z \leq z\} = F_{\min}(z) = 1 - [1 - F(z)]^n$$

故

$$P\{Z \geq 180\} = 1 - P\{Z < 180\} = [1 - F(180)]^4$$

又因为

$$\frac{X - 160}{20} \sim N(0.1)$$

所以

$$F(180) = \Phi\left(\frac{180 - 160}{20}\right) = \Phi(1) = 0.8413$$

于是没有一只寿命小于 180 的概率为

$$P\{Z \geq 180\} = (1 - 0.8413)^4 = 0.1587^4 = 0.00063$$

思考题

(1)举例说明二维离散型随机变量，并说明联合分布律与联合分布函数的关系.

（2）举例说明二维连续型随机变量，并求其联合分布函数及边际密度函数.

3.3　能力训练习题

一、选择题

1. 设二维随机变量 (X, Y) 的联合概率密度函数为 $f(x, y) = \begin{cases} C, & 0 < x < 1, 0 < y < x \\ 0, & \text{其他} \end{cases}$，则

常数 $C = （\quad）$.

  A. 1　　　　　　　　　　　　B. 2

  C. 3　　　　　　　　　　　　D. 4

2. 设二维随机变量 (X, Y) 的概率密度为 $f(x, y)$，则 $P(X > 1) = （\quad）$.

  A. $\int_{-\infty}^{1} \mathrm{d}x \int_{-\infty}^{+\infty} f(x, y)\,\mathrm{d}y$ B. $\int_{1}^{+\infty} \mathrm{d}x \int_{-\infty}^{+\infty} f(x, y)\,\mathrm{d}y$

  C. $\int_{-\infty}^{1} f(x, y)\,\mathrm{d}x$ D. $\int_{1}^{+\infty} f(x, y)\,\mathrm{d}x$

3. 设 (X, Y) 的概率密度为 $f(x, y) = \begin{cases} x+y, & 0 < x < 1, 0 < y < 1 \\ 0, & \text{其他} \end{cases}$，则 $P(X < Y) = $

$（\quad）$.

  A. $\dfrac{1}{3}$ B. $\dfrac{2}{3}$

  C. $\dfrac{1}{2}$ D. $\dfrac{1}{4}$.

4. 设两个随机变量 X 和 Y 相互独立同分布，$P(X = 1) = P(Y = 1) = \dfrac{1}{2}$，$P(X = -1) = $

$P(Y = -1) = \dfrac{1}{2}$，下列各式成立的是（   ）.

  A. $P(X = Y) = \dfrac{1}{2}$ B. $P(X = Y) = 1$

  C. $P(X + Y = 0) = \dfrac{1}{4}$ D. $P(XY = 1) = \dfrac{1}{4}$

5. 设 X 和 Y 是两个相互独立的随机变量，其分布律分别为：

X	-2	-1	0	$\dfrac{1}{2}$
P	$\dfrac{1}{4}$	$\dfrac{1}{3}$	$\dfrac{1}{12}$	$\dfrac{1}{3}$

$\dfrac{Y \mid -\dfrac{1}{2} \quad 1 \quad 3}{P \mid \dfrac{1}{2} \quad \dfrac{1}{4} \quad \dfrac{1}{4}}$，则 $P(X+Y=1) = ($ 　　$)$.

    A. 1 　　　　　　　　　　B. $\dfrac{1}{12}$

    C. $\dfrac{1}{4}$ 　　　　　　　　　D. $\dfrac{1}{3}$

6. 设相互独立的随机变量 X，Y 具有同一分布，且 X 分布律为 $\dfrac{X \mid 1 \quad 2}{P \mid 0.5 \quad 0.5}$

令 $Z = \max\{X, Y\}$，则 $P(Z=2) = ($ 　　$)$.

    A. $\dfrac{1}{4}$ 　　　　　　　　　B. $\dfrac{3}{4}$

    C. $\dfrac{1}{3}$ 　　　　　　　　　D. 1

7. 变量 X 与 Y 相互独立且同分布，X 的概率分布为 $\dfrac{X \mid 0 \quad 1}{P \mid 0.4 \quad 0.6}$，则有$($ 　　$)$.

    A. $P(X=Y)=0$ 　　　　　　B. $P(X=Y)=0.5$
    C. $P(X=Y)=0.52$ 　　　　　D. $P(X=Y)=1$

8. 设随机变量 X 和 Y 相互独立，且均服从 $N(1,1)$，则$($ 　　$)$
    A. $P(X+Y<0)=0.5$ 　　　　B. $P(X+Y<1)=0.5$
    C. $P(X-Y>0)=0.5$ 　　　　D. $P(X-Y<1)=0.5$

9. 设 X 和 Y 是两个相互独立的随机变量，且 $X \sim N(\mu_1, \sigma_1^2)$，$Y \sim N(\mu_2, \sigma_2^2)$，则 $Z = X+Y$ 为$($ 　　$)$.
    A. 指数分布 　　　　　　　B. 正态分布
    C. 二项分布 　　　　　　　D. 均匀分布

10. 设随机变量 X，Y 相互独立，且均服从正态分布 $N(\mu, \sigma^2)$，则 $P(|X-Y|<1)$
$($ 　　$)$
    A. 与 μ 无关，而与 σ^2 有关 　　B. 与 μ 有关，而与 σ^2 无关
    C. 与 μ，σ^2 都有关 　　　　D. 与 μ，σ^2 都无关

11. 设随机变量 X，Y 相互独立，$X \sim E(1)$，$Y \sim E(4)$，则 $P(X<Y) = ($ 　　$)$.

    A. $\dfrac{1}{5}$ 　　　　　　　　　B. $\dfrac{1}{3}$

    C. $\dfrac{2}{5}$ 　　　　　　　　　D. $\dfrac{4}{5}$

二、计算题

1. 从 1, 2, 3, 4 中等可能地取一个数记为 X, 再从 1, $\cdots$, X 中等可能地任取一个数记为 Y, 求 $P(Y = 2)$.

2. 设随机变量 $Y \sim E(1)$, 随机变量 $X_k = \begin{cases} 0, & Y \leqslant k \\ 1, & Y > k \end{cases}$ $(k = 1, 2)$, 求 (X_1, X_2) 的联合分布律和边缘分布律.

3. 已知随机变量 X_1 和 X_2 的概率分布为 $\dfrac{X_1}{P}\begin{array}{|ccc} -1 & 0 & 1 \\ \hline 0.25 & 0.5 & 0.25 \end{array}$, $\dfrac{X_2}{P}\begin{array}{|cc} 0 & 1 \\ \hline 0.5 & 0.5 \end{array}$, 且 $P(X_1 X_2 = 0) = 1$. 求 X_1 和 X_2 的联合分布律. 问 X_1 和 X_2 是否独立?

4. 某射手对目标独立地进行两次射击, 已知第一次射击命中率为 0.5, 第二次射击命中率为 0.6, 以随机变量 X_i 表示第 i 次射击结果, 即 $X_i = \begin{cases} 0, & 第 i 次射击未中 \\ 1, & 第 i 次射击命中 \end{cases}$, $i = 1, 2$, 求随机变量 (X_1, X_2) 的联合分布.

5. 设随机变量 (X, Y) 的联合概率分布律为

Y \ X	1	2	3
1	$\dfrac{1}{6}$	$\dfrac{1}{9}$	$\dfrac{1}{18}$
2	$\dfrac{1}{3}$	α	β

，若 X 与 Y 独立，

求：$(1)\alpha, \beta$；$(2)X$ 与 Y 的边缘分布律.

6. 设二维随机变量 (X, Y) 的概率分布为

Y \ X	0	1
0	0.4	a
1	b	0.1

，已知随机事件 $(X = 0)$ 与

$(X + Y = 1)$ 相互独立，则 $a = $ _____，$b = $ _____.

7. 已知

X	0	1
P	$\dfrac{1}{3}$	$\dfrac{2}{3}$

，

Y	-1	0	1
P	$\dfrac{1}{3}$	$\dfrac{1}{3}$	$\dfrac{1}{3}$

，且 $P(X^2 = Y^2) = 1$，求 (X, Y) 的分布律.

8. 设 X, Y 为随机变量，且 $P(X \geqslant 0, Y \geqslant 0) = \dfrac{3}{7}$，$P(X \geqslant 0) = P(Y \geqslant 0) = \dfrac{4}{7}$，

求 $P(\max\{X, Y\} \geqslant 0)$

9. 设 (X, Y) 在 G: $0 \leqslant x \leqslant 2$, $0 \leqslant y \leqslant 2$ 上服从均匀分布, 则 $P(X \leqslant 1, Y \leqslant 1) =$ _____.

10. 设随机变量 (X, Y) 在 $D = \{(x, y) \mid x^2 + y^2 \leqslant 1\}$ 服从均匀分布, 求 (X, Y) 的联合密度为 $f(x, y) =$ _____.

11. 设随机变量 X, Y 相互独立, 且均在 $[0, 1]$ 上服从均匀分布, 则 $P(X^2 + Y^2 \leqslant 1) =$ _____.

12. 设随机变量 X, Y 相互独立, 且均在 $[0, 3]$ 服从均匀分布, 则 $P(\max\{X, Y\} \leqslant 1) =$ _____.

13. 设二维随机变量 (X, Y) 的联合密度为 $f(x) = \begin{cases} 6x, & 0 \leqslant x \leqslant y \leqslant 1 \\ 0, & \text{其他} \end{cases}$, 求 $P(X + Y \leqslant 1)$.

14. 设二维随机变量 (X, Y) 的联合概率密度函数为 $f(x, y) = \begin{cases} \dfrac{a}{x^2}, & 1 < x < 2, 0 < y < 2 \\ 0, & \text{其他} \end{cases}$,

求:$(1)a$ 的值;(2) 求 $P(Y < 2 - X)$.

15. 设二维随机变量 (X, Y) 的联合概率密度函数为 $f(x, y) = \begin{cases} 3x, & 0 < x < 1, 0 < y < x \\ 0, & \text{其他} \end{cases}$,

求 (X, Y) 的边缘概率密度函数 $f_X(x)$ 和 $f_Y(y)$.

16. 设 (X, Y) 的联合密度函数为 $f(x, y) = \begin{cases} a\mathrm{e}^{-(x+3y)}, & x \geqslant 0, y \geqslant 0 \\ 0, & \text{其他} \end{cases}$,

求:(1) 常数 a;$(2)P(X+Y \leqslant 1)$.

17. 设 (X, Y) 的联合密度函数为 $f(x, y) = \begin{cases} axy, & 0 < x < 1, 0 < y < x \\ 0, & \text{其他} \end{cases}$,

求:(1) 求常数 a;$(2)P(X+Y \leqslant 1)$;$(3)P\left(X < \dfrac{1}{2}\right)$.

18. 设 (X,Y) 的联合密度函数为 $f(x,y) = \begin{cases} k(x+y), & 0<x<1,\ 0<y<1 \\ 0, & \text{其他} \end{cases}$，

求：(1) 求常数 k；(2) $P(X+Y\leqslant 1)$；(3) $P\left(X<\dfrac{1}{2}\right)$.

19. 设随机变量 (X,Y) 的联合密度函数为 $f(x,y) = \begin{cases} k, & x^2<y<x \\ 0, & \text{其他} \end{cases}$，

求：(1) 求 k；(2) 求边缘密度 $f_X(x)$，$f_Y(y)$；(3) 判断 X,Y 的独立性.

20. 设二维随机变量 (X,Y) 的联合概率密度函数为 $f(x,y) = \begin{cases} 6xy^2, & 0<x<1,\ 0<y<1 \\ 0, & \text{其他} \end{cases}$，

试判断 X 与 Y 是否相互独立.

21. 设二维随机变量 (X,Y) 的联合概率密度函数为 $f(x,y) = \begin{cases} \dfrac{1}{5}, & 1\leqslant x\leqslant 2,\ 0\leqslant y\leqslant 5 \\ 0, & \text{其他} \end{cases}$，

试判断 X 与 Y 是否相互独立.

22. 设 (X, Y) 的联合密度为 $f(x, y) = \begin{cases} \dfrac{1}{2x^2 y}, & 1 \leqslant x, \ \dfrac{1}{x} \leqslant y \leqslant x \\ 0, & 其他 \end{cases}$，试判断 X 与 Y 是否相互独立.

23. 设 X, Y 是两个相互独立的随机变量，$X \sim U[0, 1]$，Y 的概率密度为

$$f_Y(y) = \begin{cases} \dfrac{1}{2}\mathrm{e}^{-\frac{y}{2}}, & y > 0 \\ 0, & y \leqslant 0 \end{cases},$$

求：(1) (X, Y) 的联合密度；(2) 设含有 a 的一元二次方程 $a^2 + 2aX + Y = 0$ 有实根的概率.

24. 设 (X, Y) 在由直线 $x = 1$，$x = \mathrm{e}^2$，$y = 0$ 及曲线 $y = \dfrac{1}{x}$ 所围成的区域上服从均匀分布，求：(1) 求 (X, Y) 的联合密度 $f(x, y)$；(2) 求 $P(X + Y \geqslant 2)$.

25. 设随机变量 X, Y 相互独立，且均服从 $U[0, 1]$，求关于 t 的二次方程 $Xt^2 + t + Y = 0$ 有实根的概率.

26. 设二维随机变量(X, Y)服从区域 $D = \{(x, y) \mid x^2 \leqslant y \leqslant 1\}$ 上的二维均匀分布，试讨论 X 与 Y 是否相互独立.

27. 设 X 与 Y 相互独立，且 $f_X(x) = \begin{cases} 2x & 0 < x < 1 \\ 0 & \text{其他} \end{cases}$，$f_Y(y) = \begin{cases} \mathrm{e}^{-y} & y > 0 \\ 0 & y \leqslant 0 \end{cases}$，

求：(1)联合密度函数 $f(x, y)$；(2)$P(X + Y \leqslant 2)$.

28. 设(X, Y)的概率密度为 $f(x, y) = \begin{cases} \mathrm{e}^{-x}, & x > 0, \ 0 < y < x \\ 0, & \text{其他} \end{cases}$，

求：(1)边缘概率密度 $f_X(x)$，$f_Y(y)$；(2)判断 X，Y 的独立性；(3)$P(X + Y < 1)$.

3.4　能力训练习题答案

一、选择题

1. B　2. B　3. C　4. A　5. B　6. B　7. C　8. C

9. B　10. A　11. A

二、计算题

1. 解：$P(X = i, Y = j) = P(X = i)P(y = j \mid X = i)$，$i = 1, 2, 3, 4$，$j \leqslant i$

$P(Y = 2) = \dfrac{1}{8} + \dfrac{1}{12} + \dfrac{1}{16} = \dfrac{13}{48}$.

2. 解：因为 $Y \sim E(1)$，所以 Y 的密度函数为 $f(x) = \begin{cases} e^{-x}, & x > 0 \\ 0, & x \leqslant 0 \end{cases}$

$$P(X_1 = 0) = P(Y \leqslant 1) = \int_0^1 e^{-x} dx = 1 - e^{-1}, \quad P(X_1 = 1) = 1 - P(X_1 = 0) = e^{-1}$$

所以 X_1 的分布律为：$\begin{array}{c|cc} X_1 & 0 & 1 \\ \hline P & 1 - e^{-1} & e^{-1} \end{array}$，

$$P(X_2 = 0) = P(Y \leqslant 2) = \int_0^2 e^{-x} dx = 1 - e^{-2}, \quad P(X_2 = 1) = 1 - P(X_2 = 0) = e^{-2}$$

所以 X_2 的分布律为：$\begin{array}{c|cc} X_2 & 0 & 1 \\ \hline P & 1 - e^{-2} & e^{-2} \end{array}$

$$P(X_1 = 0, X_2 = 0) = P(Y \leqslant 1) = \int_0^1 e^{-x} dx = 1 - e^{-1},$$

$$P(X_1 = 0, X_2 = 1) = P(Y \leqslant 1, Y > 2) = 0$$

$$P(X_1 = 1, X_2 = 0) = P(1 < Y \leqslant 2) = \int_1^2 e^{-x} dx = e^{-1} - e^{-2},$$

$$P(X_1 = 1, X_2 = 1) = P(Y > 2) = e^{-2}$$

(X_1, X_2) 的联合分布律为

$$\begin{array}{c|cc} \diagdown X_1 \\ X_2 & 0 & 1 \\ \hline 0 & 1 - e^{-1} & e^{-1} - e^{-2} \\ 1 & 0 & e^{-2} \end{array}$$

3. 解：因为 $P(X_1 X_2 = 0) = 1$，所以 $P(X_1 = -1, X_2 = 1) = P(X_1 = 1, X_2 = 1) = 0$

由下图知：$\alpha = 0.25, \gamma = 0.25, \alpha + \beta + \gamma = 0.5 \Rightarrow \beta = 0 \Rightarrow \theta = 0.5$

$\diagdown X_1$ X_2	-1	0	1	$p_{\cdot j}$
0	α	β	γ	0.5
1	0	θ	0	0.5
$p_{i\cdot}$	0.25	0.5	0.25	1

所以联合分布律为

$\diagdown X_1$ X_2	-1	0	1	$p_{\cdot j}$
0	0.25	0	0.25	0.5
1	0	0.5	0	0.5
$p_{i\cdot}$	0.25	0.5	0.25	1

因为 $P(X_1 = -1, X_2 = 1) \neq P(X_1 = -1) P(X_2 = 1)$，所以不独立.

4. 解：$P(X_1 = m, X_2 = n) = P(X_1 = m) P(X_2 = n), \quad m = 0, 1, \quad n = 0, 1$

所以 (X_1, X_2) 的联合分布律为：

$\diagdown X_1$ X_2	0	1
0	0.2	0.2
1	0.3	0.3

5. 解：(1) 因为 X 与 Y 独立，

所以 $P(X = 2, Y = 1) = \dfrac{1}{3}\left(\dfrac{1}{9} + \alpha\right) = \dfrac{1}{9} \Rightarrow \alpha = \dfrac{2}{9}$

$$P(X=3,\ Y=1)=\frac{1}{3}\left(\frac{1}{18}+\beta\right)=\frac{1}{18}\Rightarrow\beta=\frac{1}{9}$$

（2）$(X,\ Y)$的联合分布律为：

Y＼X	1	2	3
1	$\frac{1}{6}$	$\frac{1}{9}$	$\frac{1}{18}$
2	$\frac{1}{3}$	$\frac{2}{9}$	$\frac{1}{9}$

6. 解：随机事件$(X=0)$与$(X+Y=1)$相互独立，所以

$$P(X=0,\ X+Y=1)=P(X=0,\ Y=1)=P(X=0)P(X+Y=1)$$

即 $b=(0.4+b)(a+b)$，并且 $a+b=0.5$，解得 $a=0.1$，$b=0.4$.

7. 解：$P(X^2=Y^2)=1$，所以

$$P(X=0,\ Y=0)+P(X=1,\ Y=1)+P(X=1,\ Y=-1)=1$$

Y＼X	0	1	$p_{\cdot j}$
-1	0	$\frac{1}{3}$	$\frac{1}{3}$
0	$\frac{1}{3}$	0	$\frac{1}{3}$
1	0	$\frac{1}{3}$	$\frac{1}{3}$
$p_{i\cdot}$	$\frac{1}{3}$	$\frac{2}{3}$	1

8. 解：$P(\max\{X,Y\}\geq0)=P(X\geq0\cup Y\geq0)=P(X\geq0)+P(Y\geq0)-P(X\geq0,\ Y\geq0)=\frac{5}{7}$.

9. 解：因为$(X,\ Y)\sim U(G)$，所以 $P(X\leq1,\ Y\leq1)=\frac{1}{4}$.

10. 解：$(X,\ Y)\sim U(D)$，所以 $f(x,\ y)=\begin{cases}\dfrac{1}{S_D},&(x,\ y)\in D\\0,&(x,\ y)\notin D\end{cases}=\begin{cases}\dfrac{1}{\pi},&(x,\ y)\in D\\0,&(x,\ y)\notin D\end{cases}$.

11. 解：设随机变量 $X,\ Y$ 相互独立，且均在$[0,1]$上服从均匀分布，则$(X,\ Y)$的密度函数为$f(x,\ y)=\begin{cases}1,&0\leq x\leq1,\ 0\leq y\leq1\\0,&其他\end{cases}$，所以 $P(X^2+Y^2\leq1)=\frac{\pi}{4}$.

12. 解：$P(\max\{X,Y\}\leq1)=P(X\leq1,\ Y\leq1)=P(X\leq1)P(Y\leq1)=\frac{1}{9}$.

13. 解：$P(X+Y\leq1)=\int_0^{\frac{1}{2}}dx\int_x^{1-x}6xdy=\frac{1}{4}$.

14. 解：（1）$1 = \int_{-\infty}^{+\infty} dx \int_{-\infty}^{+\infty} f(x, y) dy = \int_1^2 dx \int_0^2 \frac{a}{x^2} dy = \int_1^2 \frac{2a}{x^2} dx = -\frac{2a}{x} \Big|_1^2 = a$

（2）$P(Y < 2 - X) = \int_1^2 dx \int_0^{2-x} \frac{1}{x^2} dy = \int_1^2 \frac{2-x}{x^2} dx = 1 - \ln 2.$

15. 解：（1）$f_X(x) = \int_{-\infty}^{+\infty} f(x, y) dy = \begin{cases} \int_0^x 3x dy, & 0 < x < 1 \\ 0, & \text{其他} \end{cases} = \begin{cases} 3x^2, & 0 < x < 1 \\ 0, & \text{其他} \end{cases}$

（2）$f_Y(y) = \int_{-\infty}^{+\infty} f(x, y) dx = \begin{cases} \int_y^1 3x dx, & 0 < y < 1 \\ 0, & \text{其他} \end{cases} = \begin{cases} \frac{3}{2}(1 - y^2), & 0 < y < 1 \\ 0, & \text{其他} \end{cases}.$

16. 解：

（1）$1 = \int_{-\infty}^{+\infty} dx \int_{-\infty}^{+\infty} f(x, y) dy = \int_0^{+\infty} dx \int_0^{+\infty} ae^{-(x+3y)} dy = a \int_0^{+\infty} e^{-x} dx \int_0^{+\infty} e^{-3y} dy = \frac{a}{3}$

所以 $a = 3$.

（2）$P(X + Y \leqslant 1) = \int_0^1 dx \int_0^{1-x} 3e^{-3y} e^{-x} dy = \int_0^1 (e^{-x} - e^{2x-3}) dx = 1 - \frac{3e^{-1}}{2} + \frac{e^{-3}}{2}.$

17. 解：（1）$1 = \int_{-\infty}^{+\infty} dx \int_{-\infty}^{+\infty} f(x, y) dy = \int_0^1 dx \int_0^x axy dy = a \int_0^1 \frac{x^3}{2} dx = \frac{a}{8} x^4 \Big|_0^1 = \frac{a}{8} \Rightarrow a = 8$

（2）$P(X + Y \leqslant 1) = \int_0^{\frac{1}{2}} dy \int_y^{1-y} 8xy dx = \int_0^{\frac{1}{2}} (4y - 8y^3) dy = (2y^2 - \frac{8}{3} x^3) \Big|_0^{\frac{1}{2}} = \frac{1}{6}$

（3）$P(X < \frac{1}{2}) = \int_0^{\frac{1}{2}} dx \int_0^x 8xy dy = \int_0^{\frac{1}{2}} 4x^3 dx = x^4 \Big|_0^{\frac{1}{2}} = \frac{1}{16}.$

18. 解：（1）$1 = \int_{-\infty}^{+\infty} dx \int_{-\infty}^{+\infty} f(x, y) dy = k \int_0^1 dx \int_0^1 (x + y) dy = k \int_0^1 \left(x + \frac{1}{2} \right) dx$

$\qquad = k \left(\frac{x^2}{2} + \frac{x}{2} \right) \Big|_0^1 = k$

（2）$P(X + Y \leqslant 1) = \int_0^1 dx \int_0^{1-x} (x + y) dy = \int_0^1 \left(\frac{1}{2} - \frac{x^2}{2} \right) dx = \left(\frac{x}{2} - \frac{x^3}{6} \right) \Big|_0^1 = \frac{1}{3}$

（3）$P(X < \frac{1}{2}) = \int_0^{\frac{1}{2}} dx \int_0^1 (x + y) dy = \int_0^{\frac{1}{2}} \left(x + \frac{1}{2} \right) dx = \left(\frac{x^2}{2} + \frac{x}{2} \right) \Big|_0^{\frac{1}{2}} = \frac{3}{8}.$

19. （1）$1 = \int_{-\infty}^{+\infty} dx \int_{-\infty}^{+\infty} f(x, y) dy = k \int_0^1 dx \int_{x^2}^x dy = k \int_0^1 (x - x^2) dx = k \left(\frac{x^2}{2} - \frac{x^3}{3} \right) \Big|_0^1 = \frac{k}{6}$

所以 $k = 6$

（2）$f_X(x) = \int_{-\infty}^{+\infty} f(x, y) dy = \begin{cases} \int_{x^2}^x 6 dy, & 0 < x < 1 \\ 0, & \text{其他} \end{cases} = \begin{cases} 6(x - x^2), & 0 < x < 1 \\ 0, & \text{其他} \end{cases}$

$$f_Y(y) = \int_{-\infty}^{+\infty} f(x, y)\,\mathrm{d}x = \begin{cases} \int_y^{\sqrt{y}} 6\,\mathrm{d}x, & 0 < y < 1 \\ 0, & \text{其他} \end{cases} = \begin{cases} 6(\sqrt{y} - y), & 0 < y < 1 \\ 0, & \text{其他} \end{cases}$$

（3）因为 $f_X(x) f_Y(y) \neq f(x, y)$，所以 X, Y 不独立.

20. 解：$f_X(x) = \displaystyle\int_{-\infty}^{+\infty} f(x, y)\,\mathrm{d}y = \begin{cases} \int_0^1 6xy^2\,\mathrm{d}y, & 0 < x < 1 \\ 0, & \text{其他} \end{cases} = \begin{cases} 2x, & 0 < x < 1 \\ 0, & \text{其他} \end{cases}$

$$f_Y(y) = \int_{-\infty}^{+\infty} f(x, y)\,\mathrm{d}x = \begin{cases} \int_0^1 6xy^2\,\mathrm{d}x, & 0 < y < 1 \\ 0, & \text{其他} \end{cases} = \begin{cases} 3y^2, & 0 < y < 1 \\ 0, & \text{其他} \end{cases}$$

因为 $f_X(x) f_Y(y) = f(x, y)$，所以 X, Y 相互独立.

21. 解：$f_X(x) = \displaystyle\int_{-\infty}^{+\infty} f(x, y)\,\mathrm{d}y = \begin{cases} \int_0^5 \dfrac{1}{5}\,\mathrm{d}y, & 1 \leqslant x \leqslant 2 \\ 0, & \text{其他} \end{cases} = \begin{cases} 1, & 1 \leqslant x \leqslant 2 \\ 0, & \text{其他} \end{cases}$

$$f_Y(y) = \int_{-\infty}^{+\infty} f(x, y)\,\mathrm{d}x = \begin{cases} \int_1^2 \dfrac{1}{5}\,\mathrm{d}x, & 0 \leqslant y \leqslant 5 \\ 0, & \text{其他} \end{cases} = \begin{cases} \dfrac{1}{5}, & 0 \leqslant y \leqslant 5 \\ 0, & \text{其他} \end{cases}$$

因为 $f_X(x) f_Y(y) = f(x, y)$，所以 X, Y 相互独立.

22. 解：$f_X(x) = \displaystyle\int_{-\infty}^{+\infty} f(x, y)\,\mathrm{d}y = \begin{cases} \int_{\frac{1}{x}}^{x} \dfrac{1}{2x^2 y}\,\mathrm{d}y, & x > 1 \\ 0, & \text{其他} \end{cases} = \begin{cases} \dfrac{\ln x}{x^2}, & x > 1 \\ 0, & \text{其他} \end{cases}$

$$f_Y(y) = \int_{-\infty}^{+\infty} f(x, y)\,\mathrm{d}x = \begin{cases} \int_{\frac{1}{y}}^{+\infty} \dfrac{1}{2x^2 y}\,\mathrm{d}x, & 0 < y < 1 \\ \int_y^{+\infty} \dfrac{1}{2x^2 y}\,\mathrm{d}x, & y \geqslant 1 \\ 0, & \text{其他} \end{cases} = \begin{cases} \dfrac{1}{2}, & 0 < y < 1 \\ \dfrac{1}{2y^2}, & y \geqslant 1 \\ 0, & \text{其他} \end{cases}$$

因为 $f_X(x) f_Y(y) \neq f(x, y)$，所以 X, Y 不独立.

23. 解：（1）因为 $X \sim U[0, 1]$，所以 X 的密度为 $f_X(x) = \begin{cases} 1, & x \in [0, 1] \\ 0, & x \notin [0, 1] \end{cases}$

又因为 X, Y 是两个相互独立的随机变量，所以

$$f(x, y) = f_X(x) f_Y(y) = \begin{cases} \dfrac{1}{2}\mathrm{e}^{-\frac{y}{2}}, & 0 \leqslant x \leqslant 1,\ y > 0 \\ 0, & \text{其他} \end{cases}$$

（2）$P(\Delta \geqslant 0) = P(4X^2 - 4Y \geqslant 0) = P(Y \leqslant X^2) = \displaystyle\int_0^1 \mathrm{d}x \int_0^{x^2} \dfrac{1}{2}\mathrm{e}^{-\frac{y}{2}}\,\mathrm{d}y = \int_0^1 \left(1 - \mathrm{e}^{-\frac{x^2}{2}}\right)\mathrm{d}x$

$$= 1 - \int_0^1 e^{-\frac{x^2}{2}} dx = 1 - \sqrt{2\pi} \left(\int_0^1 \frac{1}{\sqrt{2\pi}} e^{-\frac{x^2}{2}} dx \right) = 1 - \sqrt{2\pi} \left[\Phi(1) - \Phi(0) \right].$$

24. 解：(1) 设 $D = \left\{ (x, y) \mid 1 \le x \le e^2, 0 \le y \le \frac{1}{x} \right\}$，因为 $(X, Y) \sim U(D)$，

$$S_D = \int_1^{e^2} dx \int_0^{\frac{1}{x}} dy = \int_1^{e^2} \frac{1}{x} dx = \ln x \Big|_1^{e^2} = 2$$

所以 $f(x, y) = \begin{cases} \dfrac{1}{S_D}, & (x, y) \in D \\ 0, & (x, y) \notin D \end{cases} = \begin{cases} \dfrac{1}{2}, & (x, y) \in D \\ 0, & (x, y) \notin D \end{cases}$

(2) 设 $D_1 = \{ (x, y) \mid 1 \le x \le 2, 0 \le y \le 2 - x \}$，$S_{D_1} = \dfrac{1}{2}$

所以 $P(X + Y \ge 2) = \dfrac{S_D - S_{D_1}}{S_D} = \dfrac{3}{4}$.

25. 解：因为 $X \sim U[0, 1]$，所以 X 的密度为 $f_X(x) = \begin{cases} 1, & x \in [0, 1] \\ 0, & x \notin [0, 1] \end{cases}$，

因为 $Y \sim U[0, 1]$，所以 Y 的密度为 $f_Y(y) = \begin{cases} 1, & y \in [0, 1] \\ 0, & y \notin [0, 1] \end{cases}$，

又因为 X, Y 是两个相互独立的随机变量，所以

$$f(x, y) = f_X(x) f_Y(y) = \begin{cases} 1, & 0 \le x \le 1, 0 \le y \le 1 \\ 0, & 其他 \end{cases}$$

方程有实根的概率为 $P(\Delta \ge 0) = P(1 - 4XY \ge 0) = \dfrac{1}{4} + \int_{\frac{1}{4}}^1 dx \int_0^{\frac{1}{4x}} dy = \dfrac{1 + 2\ln 2}{4}$.

26. (1) 因为 $(X, Y) \sim U(D)$，$S_D = \int_{-1}^1 dx \int_{x^2}^1 dy = \int_{-1}^1 (1 - x^2) dx = \dfrac{4}{3}$

所以 $f(x, y) = \begin{cases} \dfrac{1}{S_D}, & (x, y) \in D \\ 0, & (x, y) \notin D \end{cases} = \begin{cases} \dfrac{3}{4}, & (x, y) \in D \\ 0, & (x, y) \notin D \end{cases}$

$f_X(x) = \int_{-\infty}^{+\infty} f(x, y) dy = \begin{cases} \int_{x^2}^1 \dfrac{3}{4} dy, & -1 \le x \le 1 \\ 0, & 其他 \end{cases} = \begin{cases} \dfrac{3(1 - x^2)}{4}, & -1 \le x \le 1 \\ 0, & 其他 \end{cases}$

$f_Y(y) = \int_{-\infty}^{+\infty} f(x, y) dx = \begin{cases} \int_{-\sqrt{y}}^{\sqrt{y}} \dfrac{3}{4} dx, & 0 \le y \le 1 \\ 0, & 其他 \end{cases} = \begin{cases} \dfrac{3}{2} \sqrt{y}, & 0 \le y \le 1 \\ 0, & 其他 \end{cases}$.

因为 $f_X(x) f_Y(y) \ne f(x, y)$，所以 X, Y 不独立.

27. 解：(1) 因为 X, Y 独立，所以联合密度等于边缘密度的乘积，即

$$f(x,\,y) = f_X(x)f_Y(y) = \begin{cases} 2xe^{-y}, & 0 < x < 1,\ y > 0 \\ 0, & \text{其他} \end{cases}.$$

$(2)\,P(X+Y \leqslant 2) = \int_0^1 \mathrm{d}x \int_0^{2-x} 2xe^{-y}\mathrm{d}y = \int_0^1 2x\mathrm{d}x - \int_0^1 2xe^{x-2}\mathrm{d}x = 1 - 2e^{-2}.$

28. 解：$(1)\,f_X(x) = \displaystyle\int_{-\infty}^{+\infty} f(x,\,y)\,\mathrm{d}y = \begin{cases} \displaystyle\int_0^x e^{-x}\mathrm{d}y, & x > 0 \\ 0, & x \leqslant 0 \end{cases} = \begin{cases} xe^{-x}, & x > 0 \\ 0, & x \leqslant 0 \end{cases}$

$f_Y(y) = \displaystyle\int_{-\infty}^{+\infty} f(x,\,y)\,\mathrm{d}x = \begin{cases} \displaystyle\int_y^{+\infty} e^{-x}\mathrm{d}x, & y > 0 \\ 0, & y \leqslant 0 \end{cases} = \begin{cases} e^{-y}, & y > 0 \\ 0, & y \leqslant 0 \end{cases}.$

(2) 因为 $f_X(x,\,y) \neq f_X(x)f_Y(y)$，所以 $X,\,Y$ 不独立.

$(3)\,P(X+Y < 1) = \displaystyle\int_0^{\frac{1}{2}} \mathrm{d}y \int_y^{1-y} e^{-x}\mathrm{d}x = 1 + \dfrac{1}{e} - \dfrac{2}{\sqrt{e}}.$

第4章　随机变量的数字特征

4.1　学习指导

4.1.1　基本要求

(1)理解随机变量的数字特征(数学期望、方差、标准差)的概念;

(2)会用数字特征的基本性质计算具体分布的数字特征;

(3)掌握两点分布、二项分布、泊松分布、正态分布、指数分布和均匀分布的数学期望和方差.

4.1.2　主要内容

1. 数学期望

(1)设离散型随机变量 X 的分布律为

$$P(X = x_k) = p_k, \ k = 1,\ 2,\ \cdots$$

若级数 $\sum_{k=1}^{\infty} x_k p_k$ 绝对收敛,则称级数 $\sum_{k=1}^{\infty} x_k p_k$ 的和为随机变量 X 的数学期望或平均值,简称期望或均值,记为 $E(X)$ 或 EX,即

$$E(X) = \sum_{k=1}^{\infty} x_k p_k.$$

(2)设连续型随机变量 X 的密度函数为 $f(x)$,若积分 $\int_{-\infty}^{+\infty} x f(x)\,\mathrm{d}x$ 绝对收敛,则称该积分值为随机变量 X 的数学期望或平均值,简称期望或均值,记为 $E(X)$ 或 EX,即

$$E(X) = \int_{-\infty}^{+\infty} x f(x)\,\mathrm{d}x.$$

否则,即级数 $\sum_{k=1}^{\infty} x_k p_k$ 或积分 $\int_{-\infty}^{+\infty} x f(x)\,\mathrm{d}x$ 不是绝对收敛的,则称随机变量 X 的数学期望不存在.

2. 随机变量的函数的数学期望

设随机变量 Y 是随机变量 X 的函数 $Y = g(X)$（g 为连续函数）.

（1）设 X 为离散型变量，其分布律为

$$P(X = x_k) = p_k,\ k = 1,\ 2,\ \cdots$$

若级数 $\sum_{k=1}^{\infty} g(x_k) p_k$ 绝对收敛，则有

$$E(Y) = E[g(X)] = \sum_{k=1}^{\infty} g(x_k) p_k.$$

（2）设 X 为连续型变量，其密度函数为 $f(x)$. 若积分 $\int_{-\infty}^{+\infty} g(x) f(x) \mathrm{d}x$ 绝对收敛，则有

$$E(Y) = E[g(X)] = \int_{-\infty}^{+\infty} g(x) f(x) \mathrm{d}x.$$

随机变量的函数的数学期望还可以推广到两个或两个以上随机变量的函数的情况.

设 Z 是随机变量 (X, Y) 的函数 $Z = g(X, Y)$（g 为连续函数），则 Z 是一个一维随机变量.

（3）若 (X, Y) 为离散型随机变量，且其联合分布律为

$$P(X = x_i, Y = y_i) = p_{ij},\ i, j = 1,\ 2,\ \cdots$$

则有

$$E(Z) = E[g(X, Y)] = \sum_{i=1}^{\infty} \sum_{j=1}^{\infty} g(x_i, y_i) p_{ij}.$$

（4）若 (X, Y) 为连续型随机变量，且其联合密度函数为 $f(x, y)$，则有

$$E(Z) = E[g(X, Y)] = \int_{-\infty}^{+\infty} \int_{-\infty}^{+\infty} g(x, y) f(x, y) \mathrm{d}x\mathrm{d}y.$$

这里要求等式右端的级数或积分都是绝对收敛的.

3. 期望的性质

现在给出数学期望的几个常用性质. 在下面的讨论中，所遇到的随机变量的数学期望均假设存在.

（1）设 C 为常数，则有

$$E(C) = C.$$

（2）设 C 为常数，X 为随机变量，则有

$$E(CX) = CE(X).$$

（3）设 X, Y 为任意两个随机变量，则有

$$E(X + Y) = E(X) + E(Y).$$

这一性质可以推广到任意有限个随机变量之和的情形，即

$$E(X_1 + X_2 + \cdots + X_n) = E(X_1) + E(X_2) + \cdots + E(X_n).$$

一般地，随机变量线性组合的数学期望，等于随机变量数学期望的线性组合，即

$$E(a_1 X_1 + a_2 X_2 + \cdots + a_n X_n) = a_1 E(X_1) + a_2 E(X_2) + \cdots + a_n E(X_n).$$

其中 a_1, a_2, $\cdots$, a_n 为常数.

(4)若 X, Y 为相互独立的随机变量，则有

$$E(XY) = E(X)E(Y).$$

4. 方差

设 X 是一个随机变量. 若 $E\{[X - E(X)]^2\}$ 存在，则称 $E\{[X - E(X)]^2\}$ 为 X 的方差，记为 $D(X)$ 或 DX，或 $\mathrm{Var}(X)$，即

$$D(X) = E\{[X - E(X)]^2\}.$$

在应用上还引入与 X 具有相同量纲的量 $\sqrt{D(X)}$，称为 X 的均方差或标准差. 另外，由数学期望的性质，方差可按下列公式计算：

$$D(X) = E(X^2) - [E(X)]^2.$$

5. 方差的性质

假定下面所遇到的随机变量的方差均存在.

(1)设 C 为常数，则 $D(C) = 0$.

(2)设 X 为随机变量，C 为常数，则有

$$D(CX) = C^2 D(X).$$

(3)设随机变量 X 与 Y 相互独立，则有

$$D(X + Y) = D(X) + D(Y).$$

此性质可推广到有限个相互独立的随机变量之和的情形.

(4)若 X_1, X_2, $\cdots$, X_n 相互独立，则有

$$D(X_1 + X_2 + \cdots + X_n) = D(X_1) + D(X_2) + \cdots + D(X_n).$$

(5)若 X 与 Y 是相互独立的随机变量，C_1, C_2 为常数，则有

$$D(C_1 X + C_2 Y) = C_1^2 D(X) + C_2^2 D(Y).$$

特别地，

$$D(X + Y) = D(X) + D(Y),$$
$$D(X - Y) = D(X) + D(Y).$$

(6)$D(X) = 0$ 的充分必要条件是 X 依概率 1 取常数 C，即 $P(X = C) = 1$. 显然，这里 $C = E(X)$.

6. 协方差

(1)定义. 设 (X, Y) 是二维随机变量，若 $E\{[X - E(X)][Y - E(Y)]\}$ 存在，则称其为

随机变量 X 与 Y 的协方差, 记为

$$\text{cov}(X, Y) = E\{[X - E(X)][Y - E(Y)]\} = E(XY) - E(X)E(Y)$$

(2)性质.

①$\text{cov}(X, Y) = \text{cov}(Y, X)$.

②$\text{cov}(aX, bY) = ab\text{cov}(X, Y)$. ($a, b$ 是常数)

③$\text{cov}(X_1 + X_2, Y) = \text{cov}(X_1, Y) + \text{cov}(X_2, Y)$.

④若 X 与 Y 相互独立, 则 $\text{cov}(X, Y) = 0$.

⑤$D(X \pm Y) = D(X) + D(Y) \pm 2\text{cov}(X, Y)$, 特别当 X 与 Y 相互独立时

$$D(X \pm Y) = D(X) + D(Y)$$

7. 相关系数

(1)定义.

若 $\text{cov}(X, Y)$ 存在, $D(X)$, $D(Y)$ 不等于零, 则把 $\dfrac{\text{cov}(X, Y)}{\sqrt{D(X)}\sqrt{D(Y)}}$ 称为 (X, Y) 的相关系

数或标准协方差, 记作 ρ_{XY}, 即 $\rho_{XY} = \dfrac{\text{cov}(X, Y)}{\sqrt{D(X)}\sqrt{D(Y)}}$. 当 $\rho_{XY} = 0$ 时, 则称 X, Y 不相关.

(2)性质.

①$|\rho_{XY}| \leqslant 1$.

②$|\rho_{XY}| = 1$ 的充要条件是存在常数 a, b, 且 $a \neq 0$, 使得 $P\{Y = aX + b\} = 1$.

③若 (X, Y) 服从二维正态分布 $N(\mu_1, \mu_2, \sigma_1^2, \sigma_2^2, \rho)$, 则 X 与 Y 相互独立和 X 与 Y 不相关是等价的.

8. 矩

设 X, Y 为随机变量, K, l 为整数.

(1)原点矩.

若 $E(X^k)$ 存在 $(k = 1, 2, \cdots)$, 称它为 X 的 k 阶原点矩.

(2)中心矩.

若 $E\{[X - E(x)]^k\}$ 存在 $(k = 1, 2, \cdots)$, 称它为 X 的 k 阶中心矩.

9. 常见的分布的数学期望和方差

分布	参数	数学期望	方差
0-1 分布	p	p	$p(1-p)$
二项分布	n, p	np	$np(1-p)$

续上表

分布	参数	数学期望	方差
几何分布	p	$\dfrac{1}{p}$	$\dfrac{1-p}{p^2}$
泊松分布	λ	λ	λ
均匀分布	a, b	$\dfrac{(a+b)}{2}$	$\dfrac{(b-a)^2}{12}$
指数分布	λ	$\dfrac{1}{\lambda}$	$\dfrac{1}{\lambda^2}$
正态分布	μ, σ^2	μ	σ^2

4.1.3 学习提示

(1)随机变量的数字特征是由随机变量的分布来确定的,是描述随机变量的某一方面特征的常数. 本章所讲的数字特征均是数,而非随机变量.

(2)数学期望反映随机变量 X 取值的集中位置或者说"中心"位置,方差反映 X 的取值相对数学期望而言的分散程度. $P(X)$ 越大,X 的取值越分散,$P(X)$ 越小,X 的取值越集中.

(3)在计算随机变量 ξ 的函数 $g(\xi)$ 的数学期望 $E[g(\xi)]$ 时,不必先求 $g(\xi)$ 的分布律或概率密度,而只需直接用 ξ 的分布律或概率密度即可.

(4)相关系数是反映两个随机变量线性相关程度的指标. 当其绝对值愈接近 1 时,反映 ξ 与 η 的线性相关程度愈强;愈接近 0 时,反映 ξ 与 η 的线性相关程度愈弱. 当相关系数为 0 时,称两随机变量 X 与 Y 不相关,X 与 Y 不存在线性相关的成分,但不排除存在其他的联系.

(5)两个随机变量 X 与 Y,不相关的等价表述为:

①X 和 Y 是不相关的;

②X 和 Y 的协方差为 0;

③X 和 Y 的相关系数为 0;

④$E(XY) = E(X) \cdot E(Y)$;

⑤$D(X+Y) = D(X) + D(Y)$.

(6)独立与不相关的关系:独立一定不相关,反之不成立. 即不相关不一定相互独立. 但对正态分布而言独立与不相关是等价的.

(7)二项分布与其他分布有着十分重要的关系:当 $n = 1$ 时二项分布 $B(n, P)$ 就是 0-1 分布. 当 n 很大、P 很小时,二项分布 α 可以近似看成是普哇松分布. 注意它们的期望和方差.

(8)不要把普哇松分布与指数分布混淆. 普哇松分布为离散型随机变量的分布. 指数

分布是连续型随机变量的分布. 特别是它们的期望和方差不要搞错.

(9) 正态分布是概率论中最重要的几种分布之一. 注意一般正态分布与标准正态分布的转化；注意正态分布的分布函数、密度函数与事件的概率间的关系，以及期望、方差，特别要注意标准正态分布.

4.2　典型例题

例 1　设随机变量 X 的分布律如下，求 $Y_1 = 2X + 3$ 与 $Y_2 = 3X^2 - 2$ 的期望与方差.

X	0	1	2	3
P	0.3	0.1	0.5	0.1

解　$E(X) = 1 \times 0.1 + 2 \times 0.5 + 3 \times 0.1 = 1.4$,

$$E(X^2) = 1 \times 0.1 + 4 \times 0.5 + 9 \times 0.1 = 3.0$$

所以　　　　　$$D(X) = E(X^2) - E^2(X) = 1.04$$

$$E(Y_1) = E(2Y + 3) = 2E(X) + 3 = 5.8$$

$$D(Y_1) = D(2X + 3) = 4D(X) = 4.16$$

因为　　　　$E(X^4) = 1 \times 0.1 + 16 \times 0.5 + 81 \times 0.1 = 16.2$

所以　　　　$$D(X^2) = E(X^4) - E^2(X^2) = 7.2$$

$$E(Y_2) = E(3X^2 - 2) = 3E(X^2) - 2 = 7.0$$

$$D(X_2) = D(3X^2 - 2) = 9D(X^2) = 64.8.$$

例 2　设随机变量 $X \sim P(\lambda)$，且已知 $E[(X-1)(X-2)] = 1$，求 λ.

解　由 $X \sim P(\lambda)$，知 $E(X) = \lambda$，$D(X) = \lambda$，

又　$E[(X-1)(X-2)] = E[X^2 - 3X + 2] = E(X^2) - 3E(X) + 2$

$$= D(X) + E^2(X) - 3E(X) + 2$$

$$= \lambda + \lambda^2 - 3\lambda + 2 = 1,\ 即\ \lambda = 1.$$

例 3　已知 X 的分布函数

$$F(x) = \begin{cases} 0, & x < -1 \\ \dfrac{x}{\pi}\sqrt{1-x^2} + \dfrac{1}{\pi}\arcsin x + \dfrac{1}{2}, & -1 \leqslant x < 1 \\ 1, & x \geqslant 1 \end{cases}$$

求 $E(X)$ 和 $D(X)$.

解　X 的概率密度为

$$f(x) = F'(x) = \begin{cases} \dfrac{2}{\pi}\sqrt{1-x^2}, & -1 \leqslant x < 1 \\ 0, & 其他 \end{cases}$$

故
$$E(X) = \int_{-\infty}^{+\infty} xf(x)\,dx = \frac{2}{\pi}\int_{-1}^{1} x\sqrt{1-x^2}\,dx = 0$$

$$D(X) = \int_{-\infty}^{+\infty}[X-E(X)]^2 f(x)\,dx = \int_{-\infty}^{+\infty} x^2 f(x)\,dx$$

$$= \int_{-1}^{1}\frac{2}{\pi}x^2\sqrt{1-x^2}\,dx = \frac{4}{\pi}\int_{0}^{1} x^2\sqrt{1-x^2}\,dx$$

$$\xrightarrow{\text{设}\sin x = t}\frac{4}{\pi}\int_{0}^{\frac{\pi}{2}}\sin^2 t\cos^2 t\,dt = \frac{1}{\pi}\int_{0}^{\frac{\pi}{2}}\sin^2 2t\,dt$$

$$= \frac{1}{2\pi}\int_{0}^{\frac{\pi}{2}}(1-\cos 4t)\,dt = \frac{1}{4}.$$

例 4 设 (X, Y) 的概率密度为

$$f(x, y) = \begin{cases} 24(1-x)y, & 0<x<1, 0<y<x \\ 0, & \text{其他} \end{cases}$$

求：$E(X)$；$D(X)$；$E(Y)$；$D(Y)$.

解 $E(X) = \int_{-\infty}^{+\infty}\int_{-\infty}^{+\infty} xf(x, y)\,dx\,dy = \int_{0}^{1}dx\int_{0}^{x}24(1-x)xy\,dy$

$$= \int_{0}^{1}12(1-x)x^3\,dx = \frac{3}{5}$$

$$E(X^2) = \int_{-\infty}^{+\infty}\int_{-\infty}^{+\infty} x^2 f(x, y)\,dx\,dy = \int_{0}^{1}dx\int_{0}^{x}24(1-x)x^2 y\,dy$$

$$= \int_{0}^{1}12(1-x)x^4\,dx = \frac{2}{5}$$

$$D(X) = E(X^2) - E^2|X| = \frac{2}{5} - \left(\frac{3}{5}\right)^2 = \frac{1}{25}$$

$$E(Y) = \int_{-\infty}^{+\infty}\int_{-\infty}^{+\infty} yf(x, y)\,dx\,dy = \int_{0}^{1}dx\int_{0}^{x}24(1-x)y^2\,dy$$

$$= \int_{0}^{1}8(1-x)x^3\,dx = \frac{2}{5}$$

$$E(Y^2) = \int_{-\infty}^{+\infty}\int_{-\infty}^{+\infty} y^2 f(x, y)\,dx\,dy = \int_{0}^{1}dx\int_{0}^{x}24(1-x)y^3\,dy = \frac{1}{5}$$

所以 $D(Y) = E(Y^2) - E^2(Y) = \frac{1}{5} - \left(\frac{2}{5}\right)^2 = \frac{1}{25}.$

例 5 设 X 的概率密度为 $f(x) = \begin{cases} \frac{3}{8}x^2, & 0<x<2 \\ 0, & \text{其他} \end{cases}$ 且 X 与 Y 同分布，$A = (X>a)$ 与

$B = (Y>a)$ 独立. $P(A\cup B) = \frac{3}{4}$，求：(1) a 值；(2) $E\left(\frac{1}{x^2}\right)$.

解 (1) 由已知条件，可知当 $a<0$ 时

$$P(A) = P(X > a) = \int_{\infty}^{+\infty} f(x)\,\mathrm{d}x = \int_a^0 0\mathrm{d}x + \int_0^2 \frac{3}{8}x^2\mathrm{d}x + \int_2^{+\infty} 0\mathrm{d}x = 1$$

$$P(B) = P(Y > a) = \int_a^{+\infty} f(y)\,\mathrm{d}y = 1$$

而 $P(A \cup B) = \dfrac{3}{4}$ 矛盾, 因此 $a \geqslant 0$

$$P(A) = P(X > a) = \int_a^{+\infty} f(x)\,\mathrm{d}x = \int_a^0 \frac{3}{8}x^2\mathrm{d}x + \int_2^{+\infty} 0\mathrm{d}x = \frac{1}{8}(8 - a^3)$$

$$P(B) = P(Y > a) = \int_a^2 \frac{3}{8}y^2\mathrm{d}y = \frac{1}{8}(8 - a^3)$$

而
$$P(A \cup B) = P(A) + P(B) - P(A)P(B)$$
$$= \frac{1}{8}(8 - a^3) + \frac{1}{8}(8 - a^3) - \left[\frac{1}{8}(8 - a^3)\right]^2 = \frac{3}{4}$$

即
$$(8 - a^3) - 16(8 - a^3) + 48 = 0$$

解得
$$a = \sqrt[3]{4}.$$

(2)
$$E\left(\frac{1}{x^2}\right) = \int_{-\infty}^{+\infty} \frac{1}{x^2}f(x)\,\mathrm{d}x = \int_0^2 \frac{1}{x^2}\,\frac{3}{8}x^2\mathrm{d} = \frac{3}{4}.$$

例 6 假设有 10 只同种电器元件, 其中有 2 只废品, 从这批元件中任取 1 只, 如是废品, 则扔掉重取 1 只, 如仍有废品, 则扔掉再取 1 只. 求在取到正品之前, 已取出的废品样的期望与方差.

解 设 X 为取到正品之前已取出的废品数, 则 X 的分布为:

X	0	1	2
p	$\dfrac{8}{10}$	$\dfrac{2}{10} \cdot \dfrac{8}{9}$	$\dfrac{2}{10} \cdot \dfrac{1}{9} \cdot \dfrac{8}{8}$

故
$$E(X) = \frac{8}{45} + \frac{2}{45} = \frac{2}{9},$$
$$E(X^2) = \frac{8}{45} + \frac{4}{45} = \frac{12}{45},$$
$$D(X) = E(X^2) - [E(X)]^2 = \frac{12}{45} - \frac{4}{81} = \frac{88}{405}.$$

例 7 一台设备由三个部件构成, 在设备运转中各部件需要调整的概率分别为 0.10, 0.20, 0.30, 假设各部件的状态相互独立, 以 X 表示同时需要调整的部件数, 求 $E(X)$ 和 $D(X)$.

解 X 的取值为调整的部件数, 显然为非负整数, 又每一部件是否需调整只有两种可能结果(调整与不调整),于是可引入随机变量 X_i.

$$X_i = \begin{cases} 1, & \text{第 } i \text{ 个部件需调整} \\ 0, & \text{第 } i \text{ 个部件不需要调整} \end{cases}$$

则 $X = X_1 + X_2 + X_3$,且 X_1,X_2,X_3 相互独立.

而 $X_i(i = 1, 2, 3)$ 服从两点分布,其分布律分别为:

X_1	1	0
P	0.1	0.9

X_2	1	0
P	0.2	0.8

X_3	1	0
P	0.3	0.7

故 $\qquad E(X_1) = 0.1 \quad E(X_2) = 0.2 \quad E(X_3) = 0.3$

$\qquad\qquad D(X_1) = 0.09 \quad D(X_2) = 0.16 \quad D(X_3) = 0.21$

于是 $\qquad E(X) = E(X_1) + E(X_2) + E(X_3) = 0.1 + 0.2 + 0.3 = 0.6$

$\qquad\qquad D(X) = D(X_1) + D(X_2) + D(X_3) = 0.09 + 0.16 + 0.21 = 0.46$

例 8 设某一商店经销的某种商品的每周需求量 X 服从区间 $[10, 30]$ 上的均匀分布,而进货量为区间 $[10, 30]$ 中的某一整数,商店每售一单位商品可获得利 500 元,若供大于求,则削价处理,每处理一单位商店亏损 100 元;若供不应求,则从外部调剂供应,此时每售一单位商品获利 300 元. 求此商店经销这种商品的每周进货量最少为多少,可使获利的期望不少于 9280 元.

解 设一商店经销某种商品的每周进货数量为 a,且 $10 \leqslant a \leqslant 30$

当 $10 \leqslant X \leqslant a$ 时,$L = 500X - 100(a - X) = 600X - 100a$

当 $a \leqslant X \leqslant 30$ 时,$L = 500a + 30(X - a) = 300X + 200a$

即

$$L(X) = \begin{cases} 600X - 100a, & 10 \leqslant X \leqslant a \\ 300X + 200a, & a \leqslant X \leqslant 30 \end{cases}$$

且

$$X \sim f(x) = \begin{cases} \dfrac{1}{20}, & 10 \leqslant x \leqslant 30 \\ 0, & \text{其他} \end{cases}$$

所以 $E(L(X)) = \displaystyle\int_{-\infty}^{+\infty} L(x)f(x)\,\mathrm{d}x = \int_{10}^{a}(600x - 100a)\frac{1}{20}\,\mathrm{d}x + \int_{a}^{30}(300x + 200a)\frac{1}{20}\,\mathrm{d}x$

$$= (15x^2 - 5ax)\Big|_{10}^{a} + \left(\frac{15}{2}x^2 + 10ax\right)\Big|_{a}^{30}$$

$$= 5250 + 350a - 7.5a^2$$

令 $E(L(X)) \geqslant 9280$,即 $5250 + 350a - 7.5a^2 \geqslant 9280$

即 $20\dfrac{2}{3} \leqslant a \leqslant 26$,取 $a = 21$.

思考题

(1)举例谈谈数学期望在效益、利润、保险、求职等问题中的应用.

例子：假如在求职过程中有三家公司给你发了面试通知，职位有高中低档，工资分别为年薪 2.5 万元，3 万元，4 万元. 估计能得到这些职位的概率分别为 0.4，0.3，0.2，有 0.1 的概率将得不到任何职位. 每家公司都要求面试结束后表态是否接受该职位，你将采取什么策略应答?

(2)通过对方差的认识举例谈谈随机变量取值的稳定性对决策的影响.

4.3　能力训练习题

一、选择题

1. 设 X_1，X_2，X_3 相互独立且同服从参数 $\lambda = 3$ 的泊松分布，令 $Y = \dfrac{1}{3}(X_1 + X_2 + X_3)$，则

$E(Y^2) = ($　　$)$.

　　A. 1　　　　　　　　　　　　B. 9

　　C. 10　　　　　　　　　　　D. 6

2. 对任意的两个随机变量 X，Y，若 $E(XY) = E(X)E(Y)$，则($\quad$).

　　A. $D(XY) = D(X)D(Y)$　　　　B. $D(X+Y) = D(X) + D(Y)$

　　C. X，Y 相互独立　　　　　　D. X，Y 一定不独立

3. 设 $X \sim P(\lambda)$(泊松分布)，且 $P(X=2) = 2P(X=1)$，则 $E(X) = ($　　$)$.

　　A. 1　　　　　　　　　　　　B. 2

　　C. 3　　　　　　　　　　　　D. 4

4. 设随机变量 X 满足关系式 $[E(X)]^2 = D(X)$，则 X 一定服从($\quad$).

　　A. 正态分布　　　　　　　　　B. 指数分布

　　C. 泊松分布　　　　　　　　　D. 二项分布

5. 设 X，Y 为相互独立的随机变量，且 $D(X) = 3$，$D(Y) = 4$，则 $D(3X - 4Y) =$

($\quad$).

　　A. -7　　　　　　　　　　　B. 7

　　C. 91　　　　　　　　　　　　D. 25

6. 设 X 是随机变量，且 $E(X) = 3$，$D(X) = 3$，则 $E[3(X^2 - 2)] = ($　　$)$.

　　A. 6　　　　　　　　　　　　B. 9

　　C. 30　　　　　　　　　　　　D. 36

7. 设随机变量 $X \sim P(\lambda)$, 且 $D(X) = 3$, 则 $\lambda = ($ $)$

A. 3   B. $\dfrac{1}{3}$

C. 9   D. $\dfrac{1}{9}$

8. 设 $X \sim N(3, 4)$, $Y \sim E(0.2)$, 则下列各式错误的是(   ).

A. $E(X + Y) = 8$ B. $D(X + Y) = 29$

C. $E(X^2 + Y^2) = 63$ D. $E\left(\dfrac{X}{2} + \dfrac{Y}{5} - \dfrac{5}{2}\right) = 0$

9. 对任意随机变量 X, 若 $E(X)$ 存在, 则 $E(E(E(X))) = ($).

A. 0   B. X

C. $E(X)$ D. $\left[E(X)\right]^3$

10. 设 $X \sim N(0, 1)$, $Y = 2X - 1$, 则 $Y \sim ($).

A. $N(0, 1)$ B. $N(-1, 4)$

C. $N(-1, 3)$ D. $N(-1, 1)$

11. 掷骰子 600 次, 则出现 1 点的次数的期望值为(   )

A. 50   B. 100

C. 120   D. 150

二、大题(详细步骤)

1. 设随机变量 $X \sim P(\lambda)$, 且已知 $E((X-1)(X-2)) = 1$, 求 λ.

2. 已知 $X \sim N(-3, 1)$, $Y \sim N(2, 1)$ 且 X, Y 相互独立, 设 $Z = X - 2Y + 7$, 则 $Z \sim$ _____.

3. 设随机变量 $X \sim U[-2, 2]$, 随机变量 $Y = \begin{cases} 1, & X > 0 \\ 0, & X = 0 \\ -1, & X < 0 \end{cases}$, 则 $D(Y) = $ _____.

4. 设随机变量 X_1, X_2, X_3 相互独立, 其中 $X_1 \sim U[0, 6]$, $X_2 \sim N(0, 4)$, $X_3 \sim P(3)$, 设 $Y = X_1 - 2X_2 + 3X_3$, 则 $D(Y) =$ _____.

5. 设 X, Y 相互独立, 且 $X \sim P(2)$, $Y \sim E(0.25)$, 则 $D(2X - 3Y - 2) =$ _____.

6. 设 $X \sim E(1)$, 则 $E(X + \mathrm{e}^{-2X}) =$ _____.

7. 设 $X \sim E(2)$, 则 $E(X + \mathrm{e}^{-2X}) =$ _____.

8. 已知随机变量 $X \sim E(\lambda)$, 则 $P(X > E(X)) =$ _____.

9. 设 X 的密度函数为 $f(x) = \dfrac{1}{\sqrt{\pi}} \mathrm{e}^{-x^2}$, 则 $E(X + D(X)) =$ _____.

10. 设 X 的密度函数为 $f(x) = \dfrac{1}{\sqrt{\pi}}e^{-x^2}$，则 $E(X^2) = $ _____.

11. 已知随机变量 $X \sim U[0, 2]$，则 $\dfrac{D(X)}{[E(X)]^2} = $ _____.

12. 设风速 $X \sim U[0, a]$，试求：飞机机翼所受的正压力 $Y = kX^2$ 的数学期望.

13. 商店在某季节销售某商品. 每售 1 kg，获利 3 元，若季末有剩，每剩 1 kg，亏损 1 元. 在季节内，销售量(千克)$X \sim U[2000, 4000]$. 问为使商店所获利润的数学期望最大，季前应进多少货？

14. 某厂生产一种化工产品，这种产品每月的市场需求量 X(单位：t)服从区间$[0, 5]$上的均匀分布. 这种产品生产出来后，在市场上每售出 1 t 可获利 6 万元. 如果产量大于需求量，则每多生产 1 t 要亏损 4 万元. 问：为了使每月的平均利润达到最大，这种产品的月产量 a 应该定为多少吨？

15. 某射手参加一种游戏,他有 4 次机会射击一个目标,每射击一次需付费 10 元,若他射中目标则得奖金 100 元,且游戏停止,若 4 次都未射中目标,则游戏停止且他要付罚款 100 元,若他每次击中目标的概率为 0.3,求他在此游戏中的平均收益.

16. 某车间生产的圆盘直径在 $[a,b]$ 服从均匀分布,试求圆盘面积的数学期望.

17. 一工厂生产的某种设备的寿命 X(以年计)服从指数分布 $E\left(\dfrac{1}{4}\right)$,工厂规定,出售的设备若售出一年之内损坏可予以调换. 若工厂售出一台设备赢利 100 元,调换一台设备厂方需花费 200 元,试求厂方出售一台设备平均可获利多少元?

18. 设随机变量 X 的概率密度为 $f(x)=\begin{cases}\dfrac{1}{2}\cos\dfrac{x}{2}, & 0\leqslant x\leqslant\pi \\ 0, & \text{其他}\end{cases}$,对 X 独立观察 4 次,用 Y 表示观察值大于 $\dfrac{\pi}{3}$ 的次数,求 $E(Y^2)$.

19. 设随机变量 X 的密度函数为 $f(x) = \begin{cases} x, & 0 \leq x < 1 \\ 2-x, & 1 \leq x \leq 2 \\ 0, & \text{其他} \end{cases}$，求：(1) $E(X)$；(2) $D(X)$.

20. 一袋中有 n 张卡片，分别记为 $1, 2, \cdots, n$，从中有放回地抽取 k 张，以 X 表示取出的 k 张卡片的号码之和，求 $E(X)$.

21. 10 个人随机地进入 15 个房间，每个房间容纳的人数不限，设 X 表示有人的房间，求 $E(X)$. (设每个人进入每个房间是等可能的，且各人是否进入房间相互独立)

22. 某城市一天内发生严重刑事案件数 Y 服从以 $\dfrac{1}{3}$ 为参数的泊松分布，以 X 记一年内未发生严重刑事案件的天数，求 X 的数学期望. (一年按 365 天计).

23. 用机器包装味精，每袋味精净重为随机变量服从正态分布，期望值为 100 g，标准差为 10 g，一箱内装 100 袋味精，求一箱味精净重大于 10300 g 的概率. [参考数据 $\Phi(2) = 0.9772$，$\Phi(3) = 0.9987$]

24. 一盒同型号螺丝钉共有 100 个,已知该型号的每个螺丝钉的质量(以 g 计)服从正态分布,期望值是 100 g,标准差是 10 g,求一盒螺丝钉的质量超过 10200 g 的概率. $[\Phi(3) = 0.9987,\ \Phi(2) = 0.9772]$

25. 卡车装运水泥,每车 100 袋,设每袋水泥质量(以 kg 计)服从 $N(50,\ 2.5^2)$,求一车水泥总质量超过 5050 kg 的概率. $[\Phi(3) = 0.9987,\ \Phi(2) = 0.9772]$

26. 设 (X, Y) 的联合概率密度为 $f(x, y) = \begin{cases} \dfrac{1}{8}(x + y), & 0 \leqslant x \leqslant 2,\ 0 \leqslant y \leqslant 2 \\ 0, & \text{其他} \end{cases}$,

求:$(1) E(X)$;$(2) E(Y)$;$(3) \text{cov}(X, Y)$.

27. 设 (X, Y) 的联合概率密度为 $f(x, y) = \begin{cases} 2(x + y), & 0 \leqslant x \leqslant y \leqslant 1 \\ 0, & \text{其他} \end{cases}$,求 $\text{cov}(X, Y)$.

28. 设 (X, Y) 的联合概率密度为 $f(x, y) = \begin{cases} 4y^2, & 0 \leqslant x \leqslant y \leqslant 1 \\ 0, & \text{其他} \end{cases}$,求 $\text{cov}(X, Y)$.

29. 设 (X,Y) 的联合概率密度为 $f(x,y)=\begin{cases}2, & x>0,\,y>0,\,x+y\leqslant 1\\0, & \text{其他}\end{cases}$，求 $\mathrm{cov}(X,Y)$.

4.4 能力训练习题答案

一、选择题

1. C 2. B 3. D 4. B 5. C 6. C 7. A
8. B 9. C 10. B 11. B

二、计算题

1. 解：$X\sim P(\lambda)$，所以 $E(X)=\lambda$，$D(X)=\lambda$，$D(X)=E(X^2)-[E(X)]^2$

$1=E((X-1)(X-2))=E(X^2-3X+2)=E(X^2)-3E(X)+2=\lambda^2-2\lambda+2$

所以 $\lambda=1$.

2. 解：因为相互独立的正态分布的线性函数仍然服从正态分布，所以 $Z\sim N(0,5)$.

3. 解：Y 的分布律为 $\begin{array}{c|ccc}Y & 1 & 0 & -1\\\hline P & 0.5 & 0 & 0.5\end{array}$，所以 $D(Y)=E(Y^2)-[E(Y)]^2=1$.

4. 解：$D(X_1)=3$，$D(X_2)=4$，$D(X_3)=3$，$D(Y)=D(X_1)+4D(X_2)+9D(X_3)=46$.

5. 解：$D(X)=2$，$D(Y)=16$，$D(2X-3Y-2)=4D(X)+9D(Y)=152$.

6. 解：$E(X+e^{-2X})=E(X)+E(e^{-2X})=1+\int_0^{+\infty}e^{-3x}\mathrm{d}x=\dfrac{4}{3}$.

7. 解：$E(X+e^{-2X})=E(X)+E(e^{-2X})=\dfrac{1}{2}+\int_0^{+\infty}2e^{-4x}\mathrm{d}x=1$

8. 解：$P(X>E(X))=P\left(X>\dfrac{1}{\lambda}\right)=\int_{\frac{1}{\lambda}}^{+\infty}\lambda e^{-\lambda x}\mathrm{d}x=e^{-1}$.

9. 解：对照正态分布的密度函数知，$X\sim N\left(0,\dfrac{1}{2}\right)$，所以 $E(X+D(X))=\dfrac{1}{2}$.

10. 解：对照正态分布的密度函数知，$X\sim N\left(0,\dfrac{1}{2}\right)$，所以 $E(X^2)=\dfrac{1}{2}$.

11. 解：$X \sim U[0, 2]$，所以 $E(X) = 1$，$D(X) = \dfrac{1}{3}$，所以 $\dfrac{D(X)}{[E(X)]^2} = \dfrac{1}{3}$.

12. 解：$E(Y) = E(kX^2) = \displaystyle\int_0^a \dfrac{kx^2}{a}\mathrm{d}x = \dfrac{k}{3a}x^3 \Big|_0^a = \dfrac{ka^2}{3}$.

13. 解：$X \sim U[2000, 4000]$，所以 X 的密度函数为 $f(x) = \begin{cases} \dfrac{1}{2000}, & 2000 \leq x \leq 4000 \\ 0, & \text{其他} \end{cases}$.

设季前应进货 t 千克，所获利润为 Y 元，

则 $Y = g(X, t) = \begin{cases} 3X - (t - X), & X < t \\ 3t, & X \geq t \end{cases} = \begin{cases} 4X - t, & X < t \\ 3t, & X \geq t \end{cases}$

$E(Y) = \displaystyle\int_{2000}^t \dfrac{4x - t}{2000}\mathrm{d}x + \int_t^{4000} \dfrac{3t}{2000}\mathrm{d}x = \dfrac{1}{2000}(-2t^2 + 14000t - 8 \times 10^6) = h(t)$

为使商店获利最大，则 $h'(t) = -4t + 14000 = 0$，所以 $t = 3500(\mathrm{kg})$.

14. 解：因为 $X \sim [0, 5]$，X 的概率密度为 $f(x) = \begin{cases} 1/5, & 0 \leq x \leq 5 \\ 0, & \text{其他} \end{cases}$.

设 Y 为该厂每月获得的利润（单位：万元），根据题意

$Y = g(X) = \begin{cases} 6X - 4(a - X) = 10X - 4a, & \text{当 } X \leq a \text{ 时} \\ 6a, & \text{当 } X > a \text{ 时} \end{cases}$.

该厂平均每月利润为 $E(Y) = E(g(X)) = \displaystyle\int_{-\infty}^{+\infty} f(x)g(x)\mathrm{d}x$

$$= \int_0^a \dfrac{10x - 4a}{5}\mathrm{d}x + \int_a^5 \dfrac{6a}{5}\mathrm{d}x = 6a - a^2.$$

$\dfrac{\mathrm{d}E(Y)}{\mathrm{d}a} = 6a - a^2 \Rightarrow 6 - 2a = 0$ 可解得 $a = 3(\text{吨})$.

可见，要使得每月的平均利润达到最大，这种产品的月产量应该定为 3 吨.

15. 解：设射手的收益为 Y 元，X 表示他击中目标射击次数，所以

$P(Y = 90) = P(X = 1) = 0.3$，$P(Y = 80) = P(X = 2) = 0.21$

$P(Y = 70) = P(X = 3) = 0.147$，$P(Y = 60) = P(X = 4) = 0.1029$

$P(Y = -140) = 0.2401$

Y	90	80	70	60	-140
P	0.3	0.21	0.147	0.1029	0.2401

，所以 $E(Y) = 26.65$.

16. 解：设圆盘的直径为 $X \sim U[a, b]$，所以密度函数为 $f(x) = \begin{cases} \dfrac{1}{b - a}, & a \leq x \leq b \\ 0, & \text{其他} \end{cases}$.

设圆盘的面积为 $S = \dfrac{\pi}{4}X^2$，所以

$$E(S) = \int_a^b \frac{\pi}{4(b-a)} x^2 \mathrm{d}x = \frac{\pi}{12(b-a)} x^3 \Big|_a^b = \frac{\pi}{12}(a^2 + ab + b^2).$$

17. 解：X 的密度函数为 $f(x) = \begin{cases} \dfrac{1}{4} \mathrm{e}^{-\frac{x}{4}}, & x > 0 \\ 0, & x \leqslant 0 \end{cases}$，设一台设备获利为 Y 元

$P(Y = 100) = P(X > 1) = \int_1^{+\infty} \frac{1}{4} \mathrm{e}^{-\frac{x}{4}} \mathrm{d}x = \mathrm{e}^{-\frac{1}{4}}$，$P(Y = -100) = 1 - \mathrm{e}^{-\frac{1}{4}}$

即 $\begin{array}{c|cc} Y & 100 & -100 \\ \hline P & \mathrm{e}^{-\frac{1}{4}} & 1 - \mathrm{e}^{-\frac{1}{4}} \end{array}$，所以 $E(Y) = 100 \times \mathrm{e}^{-\frac{1}{4}} - 100(1 - \mathrm{e}^{-\frac{1}{4}}) = 200\mathrm{e}^{-\frac{1}{4}} - 100.$

18. 解：$P\left(Y > \dfrac{\pi}{3}\right) = \int_{\frac{\pi}{3}}^{\pi} \frac{1}{2} \cos \frac{x}{2} \mathrm{d}x = \sin \frac{x}{2} \Big|_{\frac{\pi}{3}}^{\pi} = \frac{1}{2}$，

所以 $Y \sim B\left(4, \dfrac{1}{2}\right)$，且 $E(Y) = 2$，$D(Y) = 1$

所以 $E(Y^2) = D(Y) + E^2(Y) = 5.$

19. 解：（1）$E(X) = \int_{-\infty}^{+\infty} x f(x) \mathrm{d}x = \int_0^1 x^2 \mathrm{d}x + \int_1^2 (2x - x^2) \mathrm{d}x = 1.$

（2）$E(X^2) = \int_{-\infty}^{+\infty} x^2 f(x) \mathrm{d}x = \int_0^1 x^3 \mathrm{d}x + \int_1^2 (2x^2 - x^3) \mathrm{d}x = \frac{7}{6}$

所以 $D(X) = E(X^2) - [E(X)]^2 = \frac{1}{6}.$

20. 解：令 $X_i (i = 1, 2, \cdots, k)$ 表示第 i 次取出的卡片的号码，则 X_i 的分布律为

$\begin{array}{c|cccc} X_i & 1 & 2 & \cdots & n \\ \hline P & \dfrac{1}{n} & \dfrac{1}{n} & \cdots & \dfrac{1}{n} \end{array}$，所以 $E(X_i) = \dfrac{1}{n} \sum_{i=1}^n i = \dfrac{n+1}{2}$

$X = X_1 + X_2 + \cdots + X_k$，所以 $E(X) = E(X_1) + E(X_2) + \cdots + E(X_k) = \dfrac{n+1}{2} k.$

21. 解：令 $X_i = \begin{cases} 1, & \text{第 } i \text{ 个房间有人} \\ 0, & \text{第 } i \text{ 个房间无人} \end{cases} (i = 1, 2, \cdots, 15)$，所以分布律：

$$\begin{array}{c|cc} X_i & 0 & 1 \\ \hline P & \left(\dfrac{14}{15}\right)^{10} & 1 - \left(\dfrac{14}{15}\right)^{10} \end{array}$$

$X = X_1 + X_2 + \cdots + X_{15} \sim B(15, p)$，其中 $p = 1 - \left(\dfrac{14}{15}\right)^{10}$，

所以 $E(X) = 15\left(1 - \left(\dfrac{14}{15}\right)^{10}\right).$

22. 解：令 $X_i = \begin{cases} 1, & \text{第 } i \text{ 天未发生重大刑事案件} \\ 0, & \text{第 } i \text{ 天发生重大刑事案件} \end{cases}$ $(i = 1, 2, \cdots, 365)$，所以分布律：

$\begin{array}{c|cc} X_i & 0 & 1 \\ \hline P & P(Y \geqslant 1) & P(Y = 0) \end{array}$，其中 $p = P(Y = 0) = \dfrac{\left(\dfrac{1}{3}\right)^0}{0!} e^{-\frac{1}{3}} = e^{-\frac{1}{3}}$

$X = X_1 + X_2 + \cdots + X_{365} \sim B(365, \ e^{-\frac{1}{3}})$，所以 $E(X) = 365 e^{-\frac{1}{3}}$.

23. 解：令 X_i 表示第 i 袋味精的质量，所以 $X_i \sim N(100, 100)$，$i = 1, 2, \cdots, 100$，

令 $X = X_1 + X_2 + \cdots + X_{100}$，所以 $X \sim N(10000, 10000)$

$P(X > 10300) = 1 - P(X \leqslant 10300) = 1 - \Phi\left(\dfrac{10300 - 10000}{100}\right) = 1 - \Phi(3) = 0.0013$.

24. 解：令 X_i 表示第 i 个螺丝钉的质量，所以 $X_i \sim N(100, 100)$，$i = 1, 2, \cdots, 100$，

令 $X = X_1 + X_2 + \cdots + X_{100}$，所以 $X \sim N(10000, 10000)$

$P(X > 10200) = 1 - P(X \leqslant 10200) = 1 - \Phi\left(\dfrac{10200 - 10000}{100}\right) = 1 - \Phi(2) = 0.0228$.

25. 解：令 X_i 表示第 i 袋水泥的质量，所以 $X_i \sim N(50, \ 2.5^2)$，$i = 1, 2, \cdots, 100$，

令 $X = X_1 + X_2 + \cdots + X_{100}$，所以 $X \sim N(5000, \ 25^2)$

$P(X > 5050) = 1 - P(X \leqslant 5050) = 1 - \Phi\left(\dfrac{5050 - 5000}{25}\right) = 1 - \Phi(2) = 0.0228$.

26. 解：(1) $E(X) = \displaystyle\int_{-\infty}^{+\infty} dx \int_{-\infty}^{+\infty} x f(x, y) dy = \int_0^2 dx \int_0^2 \frac{1}{8}(x^2 + xy) dy = \frac{7}{6}$.

(2) $E(Y) = \displaystyle\int_{-\infty}^{+\infty} dx \int_{-\infty}^{+\infty} y f(x, y) dy = \int_0^2 dx \int_0^2 \frac{1}{8}(xy + y^2) dy = \frac{7}{6}$.

(3) $E(XY) = \displaystyle\int_{-\infty}^{+\infty} dx \int_{-\infty}^{+\infty} xy f(x, y) dy = \int_0^2 dx \int_0^2 \frac{1}{8}(x^2 y + xy^2) dy = \frac{4}{3}$

所以 $\mathrm{cov}(X, Y) = \dfrac{4}{3} - \left(\dfrac{7}{6}\right)^2 = -\dfrac{1}{36}$.

27. 解：(1) $E(X) = \displaystyle\int_{-\infty}^{+\infty} dy \int_{-\infty}^{+\infty} x f(x, y) dx = \int_0^1 dy \int_0^y 2(x^2 + xy) dx = \frac{5}{12}$

(2) $E(Y) = \displaystyle\int_{-\infty}^{+\infty} dy \int_{-\infty}^{+\infty} y f(x, y) dx = \int_0^1 dy \int_0^y 2(xy + y^2) dx = \frac{3}{4}$

(3) $E(XY) = \displaystyle\int_{-\infty}^{+\infty} dy \int_{-\infty}^{+\infty} xy f(x, y) dx = \int_0^1 dy \int_0^y 2(x^2 y + xy^2) dx = \frac{1}{3}$

所以 $\mathrm{cov}(X, Y) = \dfrac{1}{3} - \dfrac{5}{12} \times \dfrac{3}{4} = \dfrac{1}{48}$.

28. 解：(1) $E(X) = \displaystyle\int_{-\infty}^{+\infty} dy \int_{-\infty}^{+\infty} x f(x, y) dx = \int_0^1 dy \int_0^y 4xy^2 dx = \frac{2}{5}$

$(2)\,E(Y) = \int_{-\infty}^{+\infty} \mathrm{d}y \int_{-\infty}^{+\infty} yf(x,\ y)\,\mathrm{d}x = \int_{0}^{1} \mathrm{d}y \int_{0}^{y} 4y^3\,\mathrm{d}x = \dfrac{4}{5}$

$(3)\,E(XY) = \int_{-\infty}^{+\infty} \mathrm{d}y \int_{-\infty}^{+\infty} xyf(x,\ y)\,\mathrm{d}x = \int_{0}^{1} \mathrm{d}y \int_{0}^{y} 4xy^3\,\mathrm{d}x = \dfrac{1}{3}$

所以 $\mathrm{cov}(X,\ Y) = \dfrac{1}{3} - \dfrac{2}{5} \times \dfrac{4}{5} = \dfrac{1}{75}.$

29. 解：$(1)\,E(X) = \int_{-\infty}^{+\infty} \mathrm{d}y \int_{-\infty}^{+\infty} xf(x,\ y)\,\mathrm{d}x = \int_{0}^{1} \mathrm{d}y \int_{0}^{1-y} 2x\,\mathrm{d}x = \dfrac{1}{3}$

$(2)\,E(Y) = \int_{-\infty}^{+\infty} \mathrm{d}y \int_{-\infty}^{+\infty} yf(x,\ y)\,\mathrm{d}x = \int_{0}^{1} \mathrm{d}y \int_{0}^{1-y} 2y\,\mathrm{d}x = \dfrac{1}{3}$

$(3)\,E(XY) = \int_{-\infty}^{+\infty} \mathrm{d}y \int_{-\infty}^{+\infty} xyf(x,\ y)\,\mathrm{d}x = \int_{0}^{1} \mathrm{d}y \int_{0}^{1-y} 2xy\,\mathrm{d}x = \dfrac{1}{12}$

所以 $\mathrm{cov}(X,\ Y) = \dfrac{1}{12} - \dfrac{1}{3} \times \dfrac{1}{3} = -\dfrac{1}{36}.$

第 5 章　数理统计的基础知识

5.1　学习指导

5.1.1　基本要求

（1）理解总体、个体、简单随机样本以及样本观察值和样本容量的概念.

（2）理解统计量的概念；掌握数理统计中最常用的统计量（如样本均值、样本方差）的计算方法.

（3）知道 t 分布、χ^2 分布、F 分布的定义并会查表计算；理解正态总体的样本均值与方差的分布.

（4）掌握四大抽样分布.

5.1.2　主要内容

1. 总体和样本

在数理统计中，我们将研究对象的全体称为总体或母本，而把组成总体的每个元素称为个体.

总体分布一般是全部或部分未知的，为了研究总体 X 的分布规律，需要对总体进行若干次观察. 由观察得到总体指标 X 的一组数值 $(x_1, x_2, \cdots, x_n)$，其中 x_i 为第 i 次观察结果，并称 $(x_1, x_2, \cdots, x_n)$ 为总体 X 的一组容量为 n 的样本观察值，样本观察值是对总体分布进行分析、推断的基础. 这种从总体中随机地缺抽出若干个个体进行观察或实验，称为随机抽样观察，从总体中抽出的若干个个体称为样本，一般记为 $(X_1, X_2, \cdots, X_n)$，而一次具体的观察结果 $(x_1, x_2, \cdots, x_n)$ 是完全确定的一组数值，但它又随着每次抽样观察而改变. 因此，容量为 n 的样本 $(X_1, X_2, \cdots, X_n)$ 是 n 维随机向量，而具体的观察值 $(x_1, x_2, \cdots, x_n)$ 是随机变量 $(X_1, X_2, \cdots, X_n)$ 的一个样本观察值. 样本 $(X_1, X_2, \cdots, X_n)$ 所有可能取值的全体称为样本空间，而样本观察值 $(x_1, x_1, \cdots, x_n)$ 是样本空间中的一个样本点.

随机抽样的目的是对总体 X 的分布进行各种分析推断，所以要求抽取的样本能很好地

反映总体的特性,为此我们要求随机抽取的样本$(X_1,X_2,\cdots,X_n)$满足:

(1)具有代表性,即样本的每个个体X_i与X有相同的分布;

(2)具有独立性,即$X_1,X_2,\cdots,X_n$是相互独立的随机变量,也就是说,n次观察值之间是互相独立的.

满足上述两条的样本称为简单随机样本,以下如无特别说明,所说的样本均指简单随机样本.

2. 统计量

设$X_1,X_2,\cdots,X_n$为来自总体X的一个样本,$g(X_1,X_2,\cdots,X_n)$为一个n元连续函数,若$g(X_1,X_2,\cdots,X_n)$中不含任何未知参数,则称$g(X_1,X_2,\cdots,X_n)$为一个统计量. 显然统计量也是一个随机变量. 以后,针对不同的问题我们总是构造相应的统计量以实现对总体的统计推断.

常用的统计量:

(1)样本平均数.

设$(X_1,X_2,\cdots,X_n)$为一个简单随机样本,则称$\frac{1}{n}\sum_{i=1}^{n}X_i$为样本平均数,并记为$\overline{X}$,即

$$\overline{X}=\frac{1}{n}\sum_{i=1}^{n}X_i$$

(2)样本方差.

设$(X_1,X_2,\cdots,X_n)$为一个简单随机样本,则称$\frac{1}{n-1}\sum_{i=1}^{n}(X_i-\overline{X})^2$与

$\sqrt{\frac{1}{n-1}\sum_{i=1}^{n}(X_i-\overline{X})^2}$为样本方差与样本标准差,并记为$S^2$与$S$,即有

$$S^2=\frac{1}{n-1}\sum_{i=1}^{n}(X_i-\overline{X})^2$$

$$S=\sqrt{\frac{1}{n-1}\sum_{i=1}^{n}(X_i-\overline{X})^2}$$

对于样本平均数与样本方差有下列性质,我们通常利用这些性质来简化计算样本平均数与样本方差.

设$(x_1,x_2,\cdots,x_n)$为样本的n个观察值.

(1)对于任意常数a,记

$$y_i=x_i-a(i=1,2,\cdots,n)$$

则有

$$\overline{x}=\overline{y}+a,\ s_x^2=s_y^2.$$

(2)对于任意常数a及非0常数c,记

$$z_i = \frac{x_i - a}{c} \quad (i = 1, 2, \cdots, n)$$

则有

$$\bar{x} = c\bar{z} + a, \quad s_x^2 = c^2 s_z^2.$$

3. 正态总体的抽样分布

设 $X_1, X_2, \cdots, X_n$ 是从正态总体 $N(\mu, \sigma^2)$ 中抽取的一个简单随机样本, $\bar{X}$ 与 S^2 分别为样本均值和样本方差, 则

(1) $\bar{X} \sim N\left(\mu, \dfrac{\sigma^2}{n}\right)$;

(2) $\dfrac{(n-1)S^2}{\sigma^2} \sim \chi^2(n-1)$;

(3) $\bar{X}$ 与 S^2 相互独立;

(4) $T = \dfrac{\bar{X} - \mu}{\dfrac{S}{\sqrt{n}}} \sim t(n-1)$.

设 $X_1, X_2, \cdots, X_n$ 与 $Y_1, Y_2, \cdots, Y_m$ 分别为来自正态总体 $N(\mu_1, \sigma_1^2)$ 和 $N(\mu_1, \sigma_2^2)$ 的简单随机样本, 且两样本之间相互独立, 若

$$S_1^2 = \frac{1}{n-1} \sum_{i=1}^{n} (X_i - \bar{X})^2$$

$$S_2^2 = \frac{1}{m-1} \sum_{i=1}^{m} (Y_i - \bar{Y})^2$$

则

(1) $F = \dfrac{S_1^2}{S_2^2} \cdot \dfrac{\sigma_2^2}{\sigma_1^2} \sim F(n-1, m-1)$;

(2) 若进一步假设 $\sigma_1^2 = \sigma_2^2$, 有

$$T = \frac{\bar{X} - \bar{Y} - (\mu_1 - \mu_2)}{S_w \sqrt{\dfrac{1}{n} + \dfrac{1}{m}}} \sim t(n+m-2)$$

其中

$$S_w^2 = \frac{(n-1)S_1^2 + (m-1)S_2^2}{n+m-2}$$

$$= \frac{\displaystyle\sum_{i=1}^{n} (X_i - \bar{X})^2 + \sum_{i=1}^{m} (Y_i - \bar{Y})^2}{n+m-2}$$

对其他总体, 虽然很难求到其精确的抽样分布, 但我们可以利用中心极限定理等理论得到当 n 较大时的近似分布, 这就是统计问题中的大样本问题, 在此我们不作讨论.

4. 临界值

(1)在数理统计中, 称小概率事件的概率 α 为显著性水平, 称 $1-\alpha$ 为置信度.

(2)设 X 为一个随机变量, 对于给定的 $0<\alpha<1$, 称满足条件

$$P\{X>z_\alpha\}=\alpha \text{ 或 } P\{X\leqslant z_\alpha\}=1-\alpha$$

的点 z_α 为 X 的关于 α 的上侧临界值; 称满足条件

$$P\{X\leqslant z_{1-\alpha}\}=\alpha \text{ 或 } P\{X>z_{1-\alpha}\}=1-\alpha$$

的点 $z_{1-\alpha}$ 为 X 的关于 α 的下侧临界值.

当其密度函数关于 $x=0$ 对称时, 有 $z_{1-\alpha}=-z_\alpha$.

(3)若 X 为一个连续型随机变量, 当其密度函数关于 $x=0$ 对称时, 称满足条件

$$P\{|X|>z_{\alpha/2}\}=\alpha \text{ 或 } P\{|X|\leqslant z_{\alpha/2}\}=1-\alpha$$

的点 $z_{\alpha/2}$ 为 X 的关于 α 的双侧临界值; 当其密度函数不对称时, 例如 χ^2 分布、F 分布, 称满足条件

$$P\{X\leqslant z_{1-\alpha/2}\}=\frac{\alpha}{2}, \ P\{X>z_{\alpha/2}\}=\frac{\alpha}{2}$$

的点 $z_{1-\alpha/2}, z_{\alpha/2}$ 为 X 的关于 α 的双侧临界值.

5.1.3 学习提示

(1)概率统计是研究大量随机现象的统计规律性的数学学科. 概率论是先提出随机现象的数学模型并建立相应的数学理论, 然后去研究这种模型的性质、特点、规律性, 如概率分布、数字特征等. 然而在解决实际问题中, 人们并没有掌握随机现象(或随机变量)的概率分布和数字特征, 解决这些问题就是数理统计的任务.

数理统计可描述为: 以概率论为理论基础(构造统计推断方法的理论支撑), 以观测数据(对随机现象的观测)为研究对象的一门实用性学科. 它研究如何有效地收集、整理和分析受随机性影响的数据, 并对所考察的问题(随机现象)做出种种合理的估计和判断.

(2)样本值本身是一堆"杂乱无章"的原始数据, 经加工处理后, 才能提取有用的信息. 这一过程的数学描述是针对不同的问题, 构造适当的样本函数. 且要求这种函数是随机变量, 不含任何未知参数, 这个函数就是统计量.

统计量用于研究问题时的统计推断和分析. 若统计量本身有未知参数, 在用统计量对未知参数进行估计时, 则无法根据所得样本值求得未知参数的估计值; 在假设检验中, 无法由样本值求得检验统计量的值, 无法与相应临界值比较并作出判断.

样本平均数和样本方差是两个常见统计量, 注意其含义及计算方法. 样本均值的数学

期望与总体的数学期望相等, 样本均值的方差与总体方差一般不等. 认识正态总体的抽样分布规律. χ^2 分布 t 分布与 F 分布是数理统计中常用的分布, 注意其自由度的含义.

5.2　典型例题

一、基础理论题型

例 1　从正态总体 $N(3.4, 6^2)$ 中抽取容量为 n 的样本, 如果要求其样本平均值位于区间 $(1.4, 5.4)$ 内的概率不小于 0.95, 问样本容量 n 至少应取多大?

解　以 $\overline{X}$ 表示该样本均值, 则

$$\frac{\overline{X}-3.4}{6/\sqrt{n}} \sim N(0, 1)$$

因此

$$P\{1.4 < \overline{X} < 5.4\} = P\left\{\frac{1.4-3.4}{6/\sqrt{n}} < \frac{\overline{X}-3.4}{6/\sqrt{n}} < \frac{5.4-3.4}{6/\sqrt{n}}\right\} = 2\Phi\left(\frac{\sqrt{n}}{3}\right) - 1 \geqslant 0.95$$

所以

$$\Phi\left(\frac{\sqrt{n}}{3}\right) \geqslant 0.975, \frac{\sqrt{n}}{3} \geqslant 1.96, n \geqslant 3 \times 1.96 \approx 34.57$$

所以 n 至少应取 35.

例 2　设 X_1, X_2, X_3, X_4 是来自正态总体 $N(0, 2^2)$ 的简单随机样本, 统计量 X 为 $X = a(X_1 - 2X_2)^2 + b(3X_3 - 4X_4)^2$, 则当 $a = $ ＿＿＿＿, $b = $ ＿＿＿＿时, 统计量 X 服从 χ^2 分布, 自由度为＿＿＿＿.

解　因 $X_1 - 2X_2$ 和 $3X_3 - 4X_4$ 均服从正态分布, 且

$$E(X_1 - 2X_2) = E(X_1) - 2E(X_2) = 0$$
$$D(X_1 - 2X_2) = D(X_1) + 4D(X_2) = 20$$
$$E(3X_3 - 4X_4) = 3E(X_3) - 4E(X_4) = 0$$
$$D(3X_3 - 4X_4) = 9D(X_3) + 16D(X_4) = 100$$

因此

$$X_1 - 2X_2 \sim N(0, 20), 3X_3 - 4X_4 \sim N(0, 10^2), 由 \chi^2 的定义有$$

$$\left(\frac{X_1 - 2X_2}{\sqrt{20}}\right)^2 + \left(\frac{3X_3 - 4X_4}{\sqrt{100}}\right)^2 = \frac{1}{20}(X_1 - 2X_2)^2 + \frac{1}{100}(3X_3 - 4X_4)^2 \sim \chi^2(2)$$

所以

$$a = \frac{1}{20}, b = \frac{1}{100}.$$

例 3 设总体 X 和 Y 相互独立且都服从 $N(0, 3^2)$ 分布, 而 $X_1, X_2, \cdots, X_9$ 和 $Y_1, Y_2, \cdots, Y_9$ 分别是来自总体 X 和 Y 的简单随机样本, 则统计量

$$u = \frac{X_1 + X_2 + \cdots + X_9}{\sqrt{Y_1^2 + Y_2^2 + \cdots + Y_9^2}}$$

服从_____分布, 参数为_____.

解 $\overline{X} = \frac{1}{9} \sum_{i=1}^{9} X_i \sim N(0, 1)$, $\frac{Y_i}{3} \sim N(0, 1)$ $(i = 1, 2, \cdots, 9)$

且 $\overline{X}$ 与 $\frac{Y_i}{3}$ 独立,

$$Y = \sum_{i=1}^{9} \left(\frac{Y_i}{3} \right)^2 = \frac{1}{9} \sum_{i=1}^{9} Y_i^2 \sim \chi^2(9)$$

由 t 分布定义知

$$u = \frac{\overline{X}}{\sqrt{Y/9}} = \frac{\sum\limits_{i=1}^{9} X_i}{\sqrt{\sum\limits_{i=1}^{9} Y_i^2}} \sim t(9)$$

所以 u 服从 t 分布, 参数为 9.

例 4 总体 $X \sim N(\mu, \sigma^2)$, $X_1, X_2, \cdots, X_{16}$ 是来自总体 X 的容量 $n = 16$ 的样本, S^2 是样本方差 $S^2 = \frac{1}{16 - 1} \sum_{i=1}^{16} (X_i - \overline{X})^2$, 求满足 $P\{\overline{X} > \mu + kS\} = 0.95$ 的 k 值.

解 $P\{\overline{X} > \mu + kS\} = P\left\{ \frac{\overline{X} - \mu}{S \sqrt{16}} > k\sqrt{16} \right\} = P\{t(15) > 4k\} = 0.95$

查自由度为 15 的 t 分布临界值表知

$$P\{t(15) < 1.75\} = 0.95$$

所以有 $-1.75 = 4k$, $k = -0.4375$.

例 5 已知 $X \sim t(n)$, 证明 $X^2 \sim F(1, n)$.

证 由 $X \sim t(n)$ 知, $X = \dfrac{Y}{\sqrt{\dfrac{Z}{n}}}$, 其中 $Y \sim N(0, 1)$, $Z \sim \chi^2(n)$, 且与 Z 独立, 从而 $X^2 = \dfrac{Y^2}{Z/n}$. 因为 $Y^2 \sim \chi^2(1)$, $Z \sim \chi^2(n)$, 所以由 F 分布的定义知 $X^2 \sim F(1, n)$.

例 6 设 $X_1, X_2, \cdots, X_{2n}$ 是来自总体 X 的简单随机样本, $\overline{X} = \frac{1}{2n} \sum_{i=1}^{2n} X_i$, 设总体 X 的均值为 μ 和方差为 σ 均存在, 求统计量 $Y = \sum_{i=1}^{n} (X_i + X_{n+i} - 2\overline{X})^2$ 的数学期望 $E(Y)$.

解　记 $\overline{X}_1 = \dfrac{1}{n}\sum_{i=1}^{n} X_i$，$\overline{X}_2 = \dfrac{1}{n}\sum_{i=1}^{n} X_{n+i}$，有 $2\overline{X} = \overline{X}_1 + \overline{X}_2$，因此

$$
\begin{aligned}
E(Y) &= E\Big[\sum_{i=1}^{n} (X_i + X_{n+i} - 2\overline{X})^2\Big] \\
&= E\Big[\sum_{i=1}^{n} (X_i - \overline{X}_1)^2 + \sum_{i=1}^{n} (X_{n+i} - \overline{X}_2)^2 + 2\sum_{i=1}^{n} (X_i - \overline{X}_1)(X_{n+i} - \overline{X}_2)\Big] \\
&= E\Big[\sum_{i=1}^{n} (X_i - \overline{X}_1)^2\Big] + E\Big[\sum_{i=1}^{n} (X_{n+i} - \overline{X}_2)^2\Big] + 2\sum_{i=1}^{n} E(X_i - \overline{X}_1)E(X_{n+i} - \overline{X}_2) \\
&= (n-1)\sigma^2 + (n-1)\sigma^2 + 0 = 2(n-1)\sigma^2
\end{aligned}
$$

5.3　能力训练习题

一、选择题

1. X_1，X_2，X_3 是来自总体 $X \sim N(\mu, \sigma^2)$ 的一个简单随机样本，$\overline{X}$ 和 S^2 分别是样本均值和样本方差，若 μ 为未知参数，σ 为已知参数，则下列不是统计量的是（　　）.

A. $X_1 - X_2 + X_3$　　　　　　　　　　B. $2X_3 - \mu$

C. $\dfrac{3S^2}{\sigma^2}$　　　　　　　　　　　　D. $\dfrac{X_2 - \overline{X}}{\sigma}$

2. 设 $X \sim N(\mu, \sigma^2)$，其中 μ 已知，σ^2 未知，X_1，X_2，X_3 是来自总体的一个简单随机样本，则下列不是统计量的是（　　）.

A. $X_1 + X_2 + X_3$　　　　　　　　　　B. $\max\{X_1, X_2, X_3\}$

C. $\sum_{i=1}^{3} \dfrac{X_i^2}{\sigma^2}$　　　　　　　　　　D. $X_1 - \mu$

3. 设总体 $X \sim N(0, 1)$，X_1，X_2，$\cdots$，$X_n(n > 1)$ 是来自总体的一个样本，$\overline{X}$ 和 S 分别为样本均值和样本根方差，则（　　）.

A. $\overline{X} \sim N(0, 1)$　　　　　　　　　B. $n\overline{X} \sim N(0, 1)$

C. $\sum_{i=1}^{n} X_i^2 \sim \mathcal{X}^2(n)$　　　　　　　D. $\dfrac{\overline{X}}{S} \sim t(n-1)$

4. 若 $X \sim t(10)$，$Y = \dfrac{1}{X^2}$，则（　　）.

A. $Y \sim F(10, 1)$　　　　　　　　　　B. $Y \sim F(1, 10)$

C. $Y \sim \mathcal{X}^2(10)$　　　　　　　　　D. $Y \sim \mathcal{X}^2(9)$

5. 设 X_1，X_2，$\cdots$，X_{16} 是来自总体 $N(0, 1)$ 的简单随机样本，设 $Z = \sum_{i=1}^{8} X_i^2$，

$Y = \sum_{i=9}^{16} X_i^2$, 则 $\dfrac{Z}{Y} \sim ($ $)$.

    A. $N(0, 1)$ B. $t(16)$

    C. $\chi^2(16)$ D. $F(8, 8)$

6. $X_1, X_2, X_3, \cdots, X_n$ 是来自总体 $X \sim N(0, 1)$ 的一个简单随机样本,

则 $\dfrac{1}{n-1} \sum_{i=2}^{n} X_i^2 / X_1^2 \sim ($ $)$.

    A. $F(1, n-1)$ B. $F(1, n)$

    C. $F(n-1, 1)$ D. $F(n, 1)$

7. 若 $X \sim t(n)$, 那么 $X^2 \sim ($ $)$.

    A. $F(1, n)$ B. $F(n, 1)$

    C. $\chi^2(n)$ D. $t(n)$

8. 设 $\chi_1^2 \sim \chi^2(n_1)$, $\chi_2^2 \sim \chi^2(n_2)$, χ_1^2, χ_2^2 相互独立, 则 $\chi_1^2 + \chi_2^2 \sim ($ $)$.

    A. $\chi^2(n_1+n_2-1)$ B. $\chi^2(n_1+n_2-2)$

    C. $\chi^2(n_1+n_2)$ D. $F(n_1, n_2)$

9. X 服从正态分布, $E(X) = -1$, $E(X^2) = 4$, $\overline{X} = \dfrac{1}{n} \sum_{i=1}^{n} X_i$, 则 $\overline{X} \sim ($ $)$.

    A. $N\left(-\dfrac{1}{n}, \dfrac{3}{n}\right)$ B. $N\left(-1, \dfrac{4}{n}\right)$

    C. $N\left(\dfrac{-1}{n}, 4\right)$ D. $N\left(-1, \dfrac{3}{n}\right)$

10. 随机变量 $X \sim t(n)$, $Y \sim F(1, n)$, 给定 $\alpha(0 < \alpha < 0.5)$, 常数 c 满足 $P(X > c) = \alpha$, 则 $P(Y > c^2) = ($ $)$.

    A. α B. 2α

    C. $1 - \alpha$ D. $1 - 2\alpha$

11. 设 $X_1, X_2, \cdots, X_n$ 来自总体 $N(\mu, 1)$ 的简单随机样本, 记 $\overline{X} = \dfrac{1}{n} \sum_{i=1}^{n} X_i$, 则下列结论不正确的是(   ).

    A. $\sum_{i=1}^{n} (X_i - \mu)^2$ 服从 χ^2 分布   B. $2(X_n - X_1)^2$ 服从 χ^2 分布

    C. $\sum_{i=1}^{n} (X_i - \overline{X})^2$ 服从 χ^2 分布   D. $n(\overline{X} - \mu)^2$ 服从 χ^2 分布

12. 设 X_1, X_2, X_3 为来自正态总体 $X \sim N(0, \sigma^2)$ 简单随机样本, 则统计量 $S = \dfrac{X_1 - X_2}{\sqrt{2}\,|X_3|}$ 服从的分布为(   ).

A. $F(1, 1)$ B. $F(2, 1)$

C. $t(1)$ D. $t(2)$

13. 设 X_1，X_2，X_3，X_4 是来自总体 $X \sim N(1, \sigma^2)$ $(\sigma > 0)$ 的简单随机样本，

则统计量 $W = \dfrac{X_1 - X_2}{|X_3 + X_4 - 2|}$ 的分布为( ).

A. $N(0, 1)$ B. $\chi^2(1)$

C. $t(1)$ D. $F(1, 1)$

二、填空题 (详细步骤)

1. X 服从正态分布，$E(X) = -1$，$E(X^2) = 4$，$\overline{X} = \dfrac{1}{n} \sum\limits_{i=1}^{n} X_i$，则 $\overline{X} \sim$ _____.

2. 设 X_1，X_2，$\cdots$，X_n 是来自正态总体 $X \sim N(\mu, \sigma^2)$ 的一个样本，$\overline{X}$，S^2 分别为样本均值和样本方差，则 $\overline{X} \sim$ _____.

3. 设 X_1，X_2，$\cdots$，X_n 是正态总体 $X \sim N(\mu, \sigma^2)$ 的一个样本，

   则 $\sum\limits_{i=1}^{n} \left(\dfrac{X_i - \mu}{\sigma} \right)^2 \sim$ _____.

4. 若 $X \sim t(n)$，则 $X^2 \sim$ _____.

5. 设总体 $X \sim N(0, 0.25)$，X_1，X_2，$\cdots$，X_n 为来自总体的一个样本，

   要使 $\alpha \sum\limits_{i=1}^{7} X_i^2 \sim \chi^2(7)$，则应取常数 $\alpha =$ _____.

6. 设总体 $X \sim N(0, \sigma^2)$，X_1，X_2，$\cdots$，X_{15} 为总体的一个样本，

   则 $Y = \dfrac{X_1^2 + X_2^2 + \cdots + X_{10}^2}{2(X_{11}^2 + X_{12}^2 + \cdots + X_{15}^2)} \sim$ _____.

7. 设随机变量 $X \sim N(0, 1)$，$Y \sim \chi^2(3)$，且 X 与 Y 相互独立，则 $\dfrac{3X^2}{Y} \sim$ _____.

8. 设随机变量 $X \sim \chi^2(2)$，$Y \sim \chi^2(3)$，且 X 与 Y 相互独立，则 $\dfrac{\dfrac{X}{2}}{\dfrac{Y}{3}} \sim$ _____.

9. 设 X，Y 相互独立，且都服从标准正态分布，则 $Z = \dfrac{X}{\sqrt{Y^2}}$ 服从_____分布(同时要写出分布的参数)

10. 设 X_1，X_2，$\cdots$，X_{16} 是来自总体 $X \sim N(4, \sigma^2)$ 的简单随机样本，σ^2 已知，令 $\overline{X} = \dfrac{1}{16} \sum\limits_{i=1}^{16} X_i$，则统计量 $\dfrac{4\overline{X} - 16}{\sigma}$ 服从分布为_____(必须写出分布的参数).

5.4　能力训练习题答案

一、选择题

1. B　2. C　3. C　4. A　5. D　6. C　7. A　8. C　9. D　10. B

11. D　12. C　13. C

二、填空题

1. $\overline{X} \sim N(-1, \frac{3}{n})$　2. $\overline{X} \sim N(\mu, \frac{\sigma^2}{n})$　3. $\chi^2(n)$　4. $F(1, n)$　5. $\alpha = 4$

6. $F(10, 5)$　7. $F(1, 3)$　8. $F(2, 3)$　9. $t(1)$　10. $N(0, 1)$

第6章　参数估计

6.1　学习指导

6.1.1　基本要求

(1)理解参数的点估计、估计量和估计值的概念.

(2)掌握矩估计法和极大似然估计法.

(3)掌握衡量点估计量好坏的标准(无偏性、有效性、一致性).

(4)了解参数的区间估计的概念;掌握单个正态总体的均值与方差进行区间估计的方法.

6.1.2　主要内容

1. 点估计的概念

(1)根据样本的观察值算出的总体参数的一个估计值称为该参数的一个点估计.

(2)以某个样本的具体观察值 $x_1, x_2, \cdots, x_n$ 代入统计量的表达式,可得基于该样本的点估计值,相应的统计量称为点估计量.

2. 矩估计法

用样本矩作为相应的总体矩的估计量,用样本矩的连续函数作为相应的总体矩的连续函数的估计量,这种估计方法称为矩估计法.

3. 极大似然估计

设总体 X 具有概率密度函数 $f(x; \theta)$ 或分布律函数 $p(x; \theta)$,θ 为待估参数,X_1,$X_2, \cdots, X_n$ 是来自 X 的样本,$x_1, x_2, \cdots, x_n$ 为样本 $X_1, X_2, \cdots, X_n$ 的一个观察值,则样本的联合密度函数(或联合分布律函数)

$$L(\theta) = L(x_1, x_2, \cdots, x_n; \theta) = \prod_{i=1}^{n} f(x_i; \theta) \left[\text{或} \prod_{i=1}^{n} p(x_i; \theta) \right] \text{称为似然函数.}$$

若有 $\hat{\theta}(x_1, x_2, \cdots, x_n)$，使

$$L(x_1, x_2, \cdots, x_n; \hat{\theta}) = \max L(x_1, x_2, \cdots, x_n; \theta)$$

则称 $\hat{\theta}(x_1, x_2, \cdots, x_n)$ 为参数 θ 的极大似然估计值，相应的统计量 $\hat{\theta}(X_1, X_2, \cdots, X_n)$ 称为参数 θ 的极大似然估计量.

如果似然函数关于 θ 可微，则使似然函数达到最大的 $\hat{\theta}$，可从方程求得

$$\frac{\mathrm{d}}{\mathrm{d}\theta} \ln L(\theta) = 0$$

4. 估计量的评选标准

(1)无偏性. 设 θ 为未知参数，$\hat{\theta}$ 为 θ 的点估计量，若 $E(\hat{\theta}) = \theta$，则称 $\hat{\theta}$ 为 θ 的无偏估计量.

(2)有效性. 设 $\hat{\theta}_1$ 和 $\hat{\theta}_2$ 为参数 θ 的两个无偏估计量，即 $E(\hat{\theta}_1) = E(\hat{\theta}_2) = \theta$，若 $D(\hat{\theta}_1) < D(\hat{\theta}_2)$，则称 $\hat{\theta}_1$ 比 $\hat{\theta}_2$ 有效.

(3)一致性. 设 $\hat{\theta}_n$ 是未知参数 θ 的某种估计量，n 为样本容量，若对任意一个 $\varepsilon > 0$ 有

$$\lim_{n \to \infty} P(|\hat{\theta}_n - \theta| < \varepsilon) = 1$$

则称这种估计量为 θ 的一致估计量.

5. 置信区间估计

(1)置信区间.

设 θ 为总体的一个未知参数，$X_1, X_2, \cdots, X_n$ 为总体的任一组独立随机样本，若存在两个统计量 $\theta_1(X_1, X_2, \cdots, X_n)$ 和 $\theta_2(X_1, X_2, \cdots, X_n)$，使得

$$P(\theta_1(X_1, X_2, \cdots, X_n) < \theta < \theta_2(X_1, X_2, \cdots, X_n)) = 1 - \alpha (0 < \alpha < 1)$$

则一旦获得某组具体样本的观察值 $x_1, x_2, \cdots, x_n$，把它们代入 θ_1 和 θ_2 的表达式，得到 $\hat{\theta}_1 = \theta_1(x_1, x_2, \cdots, x_n)$ 和 $\hat{\theta}_2 = \theta_2(x_1, x_2, \cdots, x_n)$，则区间 $(\hat{\theta}_1, \hat{\theta}_2)$ 称为参数 θ 的一个置信区间，置信度为 $1 - \alpha$，或简称 $(\hat{\theta}_1, \hat{\theta}_2)$ 为 θ 的一个 $(1 - \alpha)$ 置信区间，$\hat{\theta}_1$ 和 $\hat{\theta}_2$ 分别称为置信区间的下限和上限.

(2)正态总体参数的区间估计.

1)单个总体 $N(\mu, \sigma^2)$ 的情况(置信度为 $1 - \alpha$).

①σ^2 已知，求 μ 的置信区间.

用作估计的随机变量

$$z = \frac{\overline{X} - \mu}{\sigma/\sqrt{n}} \sim N(0, 1)$$

置信区间

$$\left(\overline{X} - \frac{\sigma}{\sqrt{n}} U_{\frac{\alpha}{2}} , \ \overline{X} + \frac{\sigma}{\sqrt{n}} U_{\frac{\alpha}{2}} \right)$$

②σ^2 未知, 求 μ 的置信区间.

用作估计的随机变量

$$t = \frac{\overline{X} - \mu}{S / \sqrt{n}} \sim t(n-1)$$

置信区间

$$\left(\overline{X} - \frac{S}{\sqrt{n}} t_{\alpha/2}(n-1) , \ \overline{X} + \frac{S}{\sqrt{n}} t_{\alpha/2}(n-1) \right)$$

③μ 已知, 求 σ^2 的置信区间.

用作估计的随机变量

$$\chi^2 = \sum_{i=1}^{n} \frac{(X_i - \mu)^2}{\sigma^2} \sim \chi^2(n)$$

置信区间

$$\left(\frac{\sum_{i=1}^{n}(X_i - \mu)^2}{\chi^2_{\alpha/2}(n)} , \ \frac{\sum_{i=1}^{n}(X_i - \mu)^2}{\chi^2_{1-\alpha/2}(n)} \right)$$

④μ 未知, 求 σ^2 的置信区间.

用作估计的随机变量

$$\chi^2 = \frac{(n-1)S^2}{\sigma^2} \sim \chi^2(n-1)$$

置信区间

$$\left(\frac{(n-1)S^2}{\chi^2_{\alpha/2}(n-1)} , \ \frac{(n-1)S^2}{\chi^2_{1-\alpha/2}(n-1)} \right)$$

2) 两个总体 $N(\mu_1, \sigma_1^2)$, $N(\mu_2, \sigma_2^2)$ 的情况 (置信度为 $1-\alpha$).

①σ_1^2, σ_2^2 已知, 求 $\mu_1 - \mu_2$ 的置信区间.

用作估计的随机变量

$$Z = \frac{\overline{X} - \overline{Y} - (\mu_1 - \mu_2)}{\sqrt{\sigma_1^2/n_1 + \sigma_2^2/n_2}} \sim N(0, 1)$$

置信区间

$$\left(\overline{X} - \overline{Y} - U_{\frac{\alpha}{2}} \sqrt{\sigma_1^2/n_1 + \sigma_2^2/n_2} , \ \overline{X} - \overline{Y} + U_{\frac{\alpha}{2}} \sqrt{\sigma_1^2/n_1 + \sigma_2^2/n_2} \right.$$

②σ_1^2, σ_2^2 未知, 但 n_1, n_2 很大 (大于 50), 求 $\mu_1 - \mu_2$ 的置信区间.

用作估计的随机变量

$$Z = \frac{\overline{X} - \overline{Y} - (\mu_1 - \mu_2)}{\sqrt{S_1^2/n_1 + S_2^2/n_2}} \sim N(0, 1) \, (近似)$$

置信区间

$$\left(\overline{X} - \overline{Y} - U_{\frac{\alpha}{2}}\sqrt{S_1^2/n_1 + S_2^2/n_2}, \ \overline{X} - \overline{Y} + U_{\frac{\alpha}{2}}\sqrt{S_1^2/n_1 + S_2^2/n_2} \right)$$

③$\sigma_1^2 = \sigma_2^2 = \sigma^2$ 未知，求 $\mu_1 - \mu_2$ 的置信区间

用作估计的随机变量

$$t = \frac{\overline{X} - \overline{Y} - (\mu_1 - \mu_2)}{S_w \sqrt{1/n_1 + 1/n_2}} \sim t(n_1 + n_2 - 2)$$

其中

$$S_w^2 = \frac{(n_1 - 1)S_1^2 + (n_2 - 1)S_2^2}{n_1 + n_2 - 2}$$

置信区间

$$\left(\overline{X} - \overline{Y} - t_{\alpha/2}(n_1 + n_2 - 2)S_w\sqrt{1/n_1 + 1/n_2}, \ \overline{X} - \overline{Y} + t_{\alpha/2}(n_1 + n_2 - 2)S_w\sqrt{1/n_1 + 1/n_2} \right)$$

④μ_1，μ_2 未知，求 σ_1^2/σ_2^2 的置信区间

用作估计的随机变量

$$F = \frac{(n_1 - 1)S_1^2}{\sigma_1^2(n_1 - 1)} \bigg/ \frac{(n_2 - 1)S_2^2}{\sigma_2^2(n_2 - 1)} \sim F(n_1 - 1, n_2 - 1)$$

置信区间

$$\left(\frac{S_1^2}{S_2^2} \frac{1}{F_{\alpha/2}(n_1 - 1, n_2 - 1)}, \ \frac{S_1^2}{S_2^2} \frac{1}{f_{1-\alpha/2}(n_1 - 1, n_2 - 1)} \right)$$

6.1.3 学习提示

(1)常见的评判估计量好坏的标准有无偏性、有效性(最小方差性)和一致性. 其中最常用且较易检验的方法是无偏性.

(2)点估计就是适当选取一个统计量作为未知参数的估计量，即以样本观察值代入估计量得到估计值，并把它作为未知参数的近似值.

(3)点估计方法主要有矩法和极大似然法. 矩法就是令 l 阶样本矩等于 l 阶总体矩，建立方程或方程组，关于未知参数求解(把样本视为已知数据)，所得解作为未知参数的估计. 极大似然法是依据待估参数的值应该使线轴到的样本观察值出现可能性最大思想，以此确定待估计参数值的方法. 首先写出极大似然函数；然后写出对数似然函数；最后对数似然函数求导，令导数等于0，解此方程便得到极大似然估计量.

(4)点估计虽然能给出待估计参数的值，但是不能指出这个估计值的精度与可靠度，不能引入区间估计. 区间估计要注意设计好合适的统计量，不同统计量会得到不同的估计

区间,即使用同一统计量,也可得到不同的估计区间.

(5)一个未知参数可能存在多个无偏估计量. 若 $\hat{\theta}$ 是未知参数 θ 的一个估计量,但 $E(\hat{\theta})-\theta\neq0$,称 $\hat{\theta}$ 为 Q 的有偏估计. 实际上,一个估计量若不是无偏估计就是有偏估计.

6.2　典型例题

一、基础理论题型

例1　设 $X_1,X_2,\cdots,X_n$ 为总体 X 的一个样本,X 的密度函数 $f(x)=\begin{cases}\lambda\mathrm{e}^{-\lambda x},&x>0\\0,&x\leqslant0\end{cases}$,其中未知参数 $\lambda>0$,$x_1,x_2,\cdots,x_n$ 是样本值,求参数 λ 的矩估计量和极大似然估计量.

解　$E(X)=\int_0^{+\infty}x\lambda\mathrm{e}^{-\lambda x}\mathrm{d}x=\dfrac{1}{\lambda}$,令 $\dfrac{1}{\lambda}=\overline{X}$,故 λ 的矩估计量为 $\hat{\lambda}=\dfrac{1}{\overline{X}}$,似然函数 $L(\lambda)=$

$\prod\limits_{i=1}^n f(x_i;\lambda)=\prod\limits_{i=1}^n\lambda\mathrm{e}^{-\lambda x_i}=\lambda^n\mathrm{e}^{-\lambda\sum\limits_{i=1}^n x_i}$,$\ln L(\lambda)=n\ln\lambda-\lambda\sum\limits_{i=1}^n x_i$,令 $\dfrac{\mathrm{d}\ln L(\lambda)}{\mathrm{d}\lambda}=\dfrac{n}{\lambda}-\sum\limits_{i=1}^n x_i=0$,$\lambda$

的极大似然估计量为 $\hat{\lambda}=\dfrac{1}{\dfrac{1}{n}\sum\limits_{i=1}^n X_i}=\dfrac{1}{\overline{X}}$.

例2　设总体 X 的概率密度为

$$f(x)=\begin{cases}(\theta+1)x^\theta,&0<x<1\\0,&\text{其他}\end{cases}$$

式中,$\theta>-1$ 是未知参数,$X_1,X_2,\cdots,X_n$ 是来自总体 X 的一个容量为 n 的简单随机样本,分别用矩估计法和极大似然估计法求 θ 的估计量.

解　总体 X 的数学期望为

$$E(X)=\int_{-\infty}^{+\infty}xf(x)\mathrm{d}x=\int_0^1(\theta+1)x^{\theta+1}\mathrm{d}x=\frac{\theta+1}{\theta+2}$$

设 $\overline{X}=\dfrac{1}{n}\sum\limits_{i=1}^n X_i$ 为样本均值,令 $\dfrac{\theta+1}{\theta+2}=\overline{X}$,解得参数 θ 的矩估计量为 $\hat{\theta}=\dfrac{2\overline{X}-1}{1-\overline{X}}$.

设 $x_1,x_2,\cdots,x_n$ 是对应于样本 $X_1,X_2,\cdots,X_n$ 的样本值,则似然函数为

$$L(\theta)=\prod_{i=1}^n f(x_i)=\begin{cases}(\theta+1)^n(x_1\cdots x_n)^\theta,&0<x_i<1,i=1,2,\cdots,n\\0,&\text{其他}\end{cases}$$

当 $0<x_i<1(i=1,2,\cdots,n)$ 时,$L(\theta)>0$,且

$$\ln L(\theta) = n\ln(\theta+1) + \theta \sum_{i=1}^{n} \ln x_i$$

$$\frac{\mathrm{d}\ln L(\theta)}{\mathrm{d}\theta} = \frac{n}{\theta+1} + \sum_{i=1}^{n} \ln x_i$$

令 $\dfrac{\mathrm{d}\ln L(\theta)}{\mathrm{d}\theta} = 0$，解方程得 θ 的极大似然估计值为

$$\hat{\theta} = -1 - \frac{n}{\sum_{i=1}^{n} \ln X_i}$$

例3 设总体 X 的密度函数为 $f(x) = \begin{cases} \dfrac{1}{\theta}e^{-\frac{x}{\theta}}, & x > 0 \\ 0, & x \le 0 \end{cases}$，其中 $\theta > 0$ 为未知参数，X_1，

$X_2, \cdots, X_n$ 是来自总体 X 的样本，求参数 θ 的矩估计量和极大似然估计量.

解 矩法：$E(X) = \displaystyle\int_{-\infty}^{+\infty} xf(x)\mathrm{d}x = \int_{0}^{+\infty} x\frac{1}{\theta}e^{-\frac{x}{\theta}}\mathrm{d}x = 0$

令 $E(X) = \theta = \overline{X}$，得 θ 的矩估计量为 $\hat{\theta} = \overline{X}$.

极大似然法：似然函数为 $L(\theta) = \displaystyle\prod_{i=1}^{n} f(x_i) = \prod_{i=1}^{n} \frac{1}{\theta}e^{-\frac{x_i}{\theta}} = \theta^{-n}e^{-\frac{1}{\theta}\sum_{i=1}^{n} x_i}$，

两边取对数为：$\ln L(\theta) = \ln \displaystyle\prod_{i=1}^{n} f(x_i) = -n\ln\theta - \frac{1}{\theta}\sum_{i=1}^{n} x_i$，

对 θ 求导并令其为零：$(\ln L(\theta))' = -\dfrac{n}{\theta}\ln\theta + \dfrac{1}{\theta^2}\displaystyle\sum_{i=1}^{n} x_i = 0$

解得 θ 的极大似然估计值为 $\hat{\theta} = \bar{x}$，θ 的极大似然估计量为 $\hat{\theta} = \overline{X}$.

例4 取容量 $n = 3$ 的样本 X_1，X_2，X_3，证明均值 μ 的下面三个无偏估计量

$$\hat{\mu}_1 = \overline{X} = \frac{1}{3}\sum_{i=1}^{3} X_i$$

$$\hat{\mu}_2 = \frac{1}{2}X_1 + \frac{1}{3}X_2 + \frac{1}{6}X_3$$

$$\hat{\mu}_3 = X_1$$

其中，$\hat{\mu}_1 = \overline{X}$ 较 $\hat{\mu}_2$，$\hat{\mu}_3$ 都有效.

证明 显然

$$E(\overline{X}) = E(\hat{\mu}_2) = E(\hat{\mu}_3) = \mu$$

说明 $\hat{\mu}_1 = \overline{X}$，$\hat{\mu}_2$，$\hat{\mu}_3$ 都是 μ 的无偏估计量，但由于

$$D(\hat{\mu}_1) = D(\overline{X}) = D\left(\frac{1}{3}\sum_{i=1}^{3} X_i\right) = \frac{3}{9}\sigma^2 = \frac{1}{3}\sigma^2$$

$$D(\hat{\mu}_2) = D\left(\frac{1}{2}X_1 + \frac{1}{3}X_2 + \frac{1}{6}X_3\right) = \left(\frac{1}{4} + \frac{1}{9} + \frac{1}{36}\right)\sigma^2 = \frac{14}{36}\sigma^2$$

$$D(\hat{\mu}_3) = D(X_1) = \sigma^2$$

故有

$$D(\bar{X}) < D(\hat{\mu}_2) < D(\hat{\mu}_3)$$

因此 $\bar{X}$ 较 $\hat{\mu}_2$, $\hat{\mu}_3$ 都有效.

例 5　设某异常区磁场强度服从正态分布 $N(\mu, \sigma^2)$, 现对该区进行磁测, 按仪器测定其方差不得超过 0.01. 今抽测 16 个点, 算得 $\bar{X}$ = 12.7, S^2 = 0.0025, 问此仪器工作是否稳定(α = 0.05)?

解　n = 16, α = 0.05, $\chi^2_{0.025}(15)$ = 27.5, $\chi^2_{0.975}(15)$ = 6.26, σ^2 的 $1-\alpha$ 置信区间为

$$\left(\frac{(n-1)S^2}{\chi^2_{\alpha/2}(n-1)}, \frac{(n-1)S^2}{\chi^2_{1-\alpha/2}(n-1)}\right) = \left(\frac{15 \times 0.0025}{27.5}, \frac{15 \times 0.0025}{6.26}\right) = (0.00136, 0.00599)$$

由于方差 σ^2 不超过 0.01, 故此仪器工作稳定.

例 6　为了估计磷肥对某种农作物增产的作用, 现选 20 块条件大致相同的土地, 10 块土地不施磷肥, 另外 10 块施磷肥, 得亩产量(单位: kg)如下:

不施磷肥: 560, 590, 560, 570, 580, 570, 600, 550, 570, 550

施磷肥: 620, 570, 650, 600, 630, 580, 570, 600, 600, 580

设亩产均服从正态分布.

(1)设方差相同, 求平均亩产之差的置信度为 0.95 的置信区间;

(2)求方差比置信度为 0.95 的置信区间.

解　(1)把不施磷肥亩产量看成总体 X, $X \sim N(\mu_1, \sigma_1^2)$, 施磷肥亩产量看成总体 Y, $Y \sim N(\mu_2, \sigma_2^2)$, 设 $\sigma_1^2 = \sigma_2^2$, 求 $\mu_2 - \mu_1$ 的置信区间. 由计算得

$$\bar{x} = 570, \quad S_1^2 = \frac{1}{9} \times 2400$$

$$\bar{y} = 600, \quad S_2^2 = \frac{1}{9} \times 6400$$

对 α = 0.95, 查 t 分布表得 $t_{0.025}(18)$ = 2.1009, 于是

$$\bar{y} - \bar{x} - t_{\alpha/2}(n_1 + n_2 - 2)\sqrt{\frac{[(n_1-1)S_1^2 + (n_2-1)S_2^2](n_1+n_2)}{n_1 n_2 (n_1 + n_2 - 2)}}$$

$$= 600 - 570 - 2.1009 \times \sqrt{\frac{(2400 + 6400) \times 20}{10 \times 10 \times 18}} = 9.22$$

$$\bar{y} - \bar{x} - t_{\alpha/2}(n_1 + n_2 - 2)\sqrt{\frac{[(n_1-1)S_1^2 + (n_2-1)S_2^2](n_1+n_2)}{n_1 n_2 (n_1 + n_2 - 2)}}$$

$$= 600 - 570 + 2.1009 \times \sqrt{\frac{(2400 + 6400) \times 20}{10 \times 10 \times 18}} = 50.78$$

故得 $\mu_2 - \mu_1$ 的置信区间为 $(9.22, 50.78)$.

(2) 对 $\alpha = 0.05$, 求 $\dfrac{\sigma_1^2}{\sigma_1^2}$ 的置信度为 0.95 的置信区间.

由 F 分布表查得 $F_{0.025}(9, 9) = 4.03$, $F_{0.975}(9, 9) = \dfrac{1}{4.03}$. 于是

$$F_{\alpha/2}(n_2 - 1, n_1 - 1)\frac{S_1^2}{S_2^2} = 4.03 \times \frac{2400}{6400} = 1.511$$

$$F_{1-\alpha/2}(n_2 - 1, n_1 - 1)\frac{S_1^2}{S_2^2} = \frac{2400}{4.03 \times 6400} = 0.0931$$

故得 $\dfrac{\sigma_1^2}{\sigma_2^2}$ 的置信度为 0.95 的置信区间为 $(0.0931, 1.511)$.

思考题

(1) 浅析点估计量的评价标准(无偏性、有效性、一致性).

(2) 叙述区间估计的原理, 并举例说明其在工农业生产中的应用, 如预测今年某地水稻亩产量.

(3) 在区间估计过程中如何根据具体问题确定显著性水平 α, 并说明其对结果的影响.

(4) 用矩估计和极大似然估计处理生活和工农业生产中的问题, 如估计某地男女比例.

6.3　能力训练习题

一、选择题

1. X_1, X_2, X_3, X_4, X_5 是总体的一个简单随机样本, $\overline{X}$ 是样本均值, 则下列不是总体数学期望 $E(X)$ 的无偏估计的是(　　).

A. $X_1 + X_3 - 2X_5$　　　　　　　　B. $2X_3 - X_4$

C. $\dfrac{1}{3}X_1 + \dfrac{2}{3}\overline{X}$　　　　　　　　D. $\dfrac{3}{2}\overline{X} - \dfrac{1}{2}X_5$

2. 设 $\hat{\theta}_1$, $\hat{\theta}_2$ 为某分布中参数 θ 的两个相互独立的无偏估计且 $D(\hat{\theta}_1) = D(\hat{\theta}_2)$, 则以下估计量中最有效的是(　　).

A. $\hat{\theta}_1 - \hat{\theta}_2$　　　　　　　　B. $\hat{\theta}_1 + \hat{\theta}_2$

C. $\dfrac{1}{3}\hat{\theta}_1 + \dfrac{2}{3}\hat{\theta}_2$　　　　　　　　D. $\dfrac{1}{2}\hat{\theta}_1 + \dfrac{1}{2}\hat{\theta}_2$

3. 设总体 X 服从正态分布 $N(\mu, \sigma^2)$，$X_1, \cdots, X_n$ 是 X 的样本，则 σ^2 的无偏估计量为（　　）

A. $\dfrac{1}{n}\sum\limits_{i=1}^{n}(X_i-\overline{X})^2$　　　　B. $\dfrac{1}{n-1}\sum\limits_{i=1}^{n}(X_i-\overline{X})^2$

C. $\dfrac{1}{n}\sum\limits_{i=1}^{n}X_i^2$　　　　D. $\overline{X}^2$

4. 设总体 X 服从正态分布 (θ_1, θ_2)，θ 是 $1-\alpha$ 的样本，则 θ 的矩估计量为（　　）.

A. $\dfrac{1}{n}\sum\limits_{i=1}^{n}(X_i-\overline{X})^2$　　　　B. $\dfrac{1}{n-1}\sum\limits_{i=1}^{n}(X_i-\overline{X})^2$

C. $\dfrac{1}{n}\sum\limits_{i=1}^{n}X_i^2$　　　　D. $\overline{X}^2$

5. 样本容量为若 n 时，样本方差 S^2 是总体方差 σ^2 的无偏估计量，这是因为（　　）.

A. $E(S^2)=\sigma^2$　　　　B. $E(S^2)=\dfrac{\sigma^2}{n}$

C. $S^2=\sigma^2$　　　　D. $S^2\approx\sigma^2$

6. 设 $x_1, x_2, \cdots, x_n$ 为正态总体 $N(\mu, 4)$ 的一个样本，$\overline{x}$ 表示样本均值，则 μ 的置信度为 $1-\alpha$ 的置信区间为（　　）.

A. $\left[\overline{x}-\dfrac{4}{\sqrt{n}}u_{\frac{\alpha}{2}}, \overline{x}+\dfrac{4}{\sqrt{n}}u_{\frac{\alpha}{2}}\right]$　　　　B. $\left[\overline{x}-\dfrac{2}{\sqrt{n}}u_{1-\frac{\alpha}{2}}, \overline{x}+\dfrac{2}{\sqrt{n}}u_{\frac{\alpha}{2}}\right]$

C. $\left[\overline{x}-\dfrac{2}{\sqrt{n}}u_{\alpha}, \overline{x}+\dfrac{2}{\sqrt{n}}u_{\alpha}\right]$　　　　D. $\left[\overline{x}-\dfrac{2}{\sqrt{n}}u_{\frac{\alpha}{2}}, \overline{x}+\dfrac{2}{\sqrt{n}}u_{\frac{\alpha}{2}}\right]$

7. 设 (θ_1, θ_2) 是参数 θ 的置信度为 $1-\alpha$ 的置信区间，则以下结论正确的是（　　）.

A. 参数 θ 落在区间 (θ_1, θ_2) 之内的概率为 $1-\alpha$

B. 参数 θ 落在区间 (θ_1, θ_2) 之外的概率为 α

C. 区间 (θ_1, θ_2) 包含参数 θ 的概率为 $1-\alpha$

D. 对不同的样本观测值，区间 (θ_1, θ_2) 的长度相同

二、填空题

1. 估计量的一般评价标准：（1）_____（2）_____（3）_____.

2. 设 $X\sim N(\mu, \sigma^2)$，$X_1, \cdots, X_n$ 为来自总体 X 的一个样本，S^2 为样本方差，则 $E(S^2)=$ _____.

3. 设总体 $X\sim N(\mu, 0.9^2)$，$X_1, X_2, \cdots, X_9$ 是容量为 9 的简单随机样本，均值 $\overline{x}=5$，则未知参数 μ 的置信水平为 0.95 的置信区间为_____.

4. 无论 σ^2 是否已知，正态总体均值 μ 的置信度为 $1-\alpha$ 的置信区间的中心都是____.

5. 设 $X_1, \cdots, X_n$ 是来自总体 $X\sim N(\mu, \sigma^2)$ 的样本，σ 已知，若 n 固定，则当 α 增大时，

μ 的置信度为 $1-\alpha$ 的置信区间的长度将_____.（变长、变短、不变或不能确定）

6. 设 $X_1, X_2, \cdots, X_n$ 是来自正态总体 $X \sim N(\mu, \sigma^2)$ 的一个样本，$\overline{X}$，S^2 分别为样本均值和样本方差，当 σ^2 已知时，μ 的置信度为 $1-\alpha$ 的置信区间为_____.

三、计算题

1. 已知随机变量 X 的密度函数为 $f(x) = \begin{cases} (\theta+1)(x-5)\theta, & 5 < x < 6 \\ 0, & \text{其他} \end{cases}$，其中 $\theta > 0$ 为未知参数，设 $X_1, X_2, \cdots, X_n$ 为总体的一个样本，$x_1, x_2, \cdots, x_n$ 是样本值，求 θ 的矩估计量与极大似然估计量.

2. 设 $X_1, X_2, \cdots, X_n$ 为总体 X 的一个样本，X 的密度函数 $f(x) = \begin{cases} \beta x^{\beta-1}, & 0 < x < 1 \\ 0, & \text{其他} \end{cases}$，（其中未知参数 $\beta > 0$），$x_1, x_2, \cdots, x_n$ 是样本值，求参数 β 的矩估计量和极大似然估计量.

3. 已知随机变量 X 的密度函数为 $f(x) = \begin{cases} (\theta+1)x^{\theta}, & 0 < x < 1 \\ 0 & \text{其他} \end{cases}$，其中 $\theta > -1$ 为未知参数，设 $X_1, X_2, \cdots, X_n$ 为总体的一个样本，$x_1, x_2, \cdots, x_n$ 是样本值，求 θ 的矩估计量与极大似然估计量.

4. 设总体 X 概率密度为: $f(x) = \begin{cases} \sqrt{\theta}\, x^{\sqrt{\theta}-1}, & 0 \leqslant x \leqslant 1 \\ 0, & \text{其他} \end{cases}$，其中 $\theta > 0$ 且未知，设 X_1, X_2, $\cdots$, X_n 为总体的一个样本, x_1, x_2, $\cdots$, x_n 是样本值, 求参数 θ 的矩估计量和极大似然估计量.

5. 设总体 X 概率密度为: $f(x) = \begin{cases} \theta(1-x)^{\theta-1}, & 0 < x < 1 \\ 0, & \text{其他} \end{cases}$，其中 θ 为未知参数, 设 X_1, X_2, $\cdots$, X_n 为总体的一个样本, x_1, x_2, $\cdots$, x_n 是样本值, 求参数 θ 的矩估计量和极大似然估计量.

6. 设 X_1, X_2, $\cdots$, X_n 为总体 X 的一个样本, x_1, x_2, $\cdots$, x_n 是样本值, X 的分布律为 $P(X = k) = p^x(1-p)^{1-x}$, $x = 0, 1$, $0 < p < 1$ 为参数, 求参数 p 的矩估计量和极大似然估计量.

7. 设总体 X 具有分布律 $\dfrac{X \mid 1 \quad 2 \quad 3}{P \mid \theta^2 \quad 2\theta(1-\theta) \quad (1-\theta)^2}$，其中 $\theta\,(0 < \theta < 1)$ 为未知参数, 已知取得了样本值 $x_1 = 1$, $x_2 = 2$, $x_3 = 1$, 试求: θ 的矩估计值和极大似然估计值.

8. 设总体 X 的分布律为：$\dfrac{X\ |\ 0\quad 1\quad\quad 2\quad\quad 3}{P\ |\ \theta^2\quad 2\theta(1-\theta)\quad \theta^2\quad 1-2\theta}$，其中 $\theta\left(0<\theta<\dfrac{1}{2}\right)$ 为未知参数，已知取得了样本值 3，1，3，0，3，1，2，3，试求 θ 的矩估计值和极大似然估计值.

9. 设总体 X 具有分布律：$\dfrac{X\ |\ 0\quad 1\quad\quad 2}{P\ |\ \theta\quad 2\theta\quad 1-3\theta}$，其中 $\theta(0<\theta<1)$ 为未知参数，已知取得了样本值观察值 0，1，1，2，0，试求 θ 的矩估计值和极大似然估计值.

10. 总体 X 服从二项分布，$P(X=k)=C_2^k\theta^k(1-\theta)^{2-k}$，$k=0$，1，2，$0<\theta<1$ 未知. 从总体 X 中取得容量为 10 的简单随机样本 $X_1,\cdots,X_{10}$，

(1)求 θ 的矩法估计量 $\hat{\theta}$.

(2)若观测值为 2，2，1，0，1，0，2，2，1，2，求 θ 的极大似然估计值 $\hat{\theta}$.

11. 检查某大学 225 名健康大学生的血清总蛋白含量(单位：g/dL)，算得样本均值为 7.33，样本标准差为 0.31，试求该大学的大学生血清总蛋白含量 95% 的置信区间. (结果保留两位小数)$[\Phi(1.96)=0.975,\Phi(1.65)=0.95]$

12. 某商店每天每百元投资的利润率为 $X \sim N(\mu, 1)$，长期以来 σ^2 稳定为 1，现随机抽取 100 天的利润，样本均值为 $\bar{x} = 5$，试求 μ 的 95% 的置信区间.

（结果保留两位小数）$[t_{0.05}(100) = 1.99, \Phi(1.96) = 0.975]$

13. 从某商店一年来的发票存根中随机抽取 25 张，算得平均金额为 78.5 元，样本标准差为 20 元，假定发票金额服从正态分布，求该商店一年来发票平均金额的置信度为 90% 的置信区间.（结果保留两位小数）$[t_{0.05}(24) = 1.711, t_{0.025}(24) = 2.064]$

14. 某单位职工每天的医疗费服从正态分布 $N(\mu, \sigma^2)$，现抽查了 25 天，得 $\bar{X} = 170$，$S = 30$，求职工每月医疗费均值 μ 的置信水平为 0.95 的置信区间.

$[\Phi(1.96) = 0.975, \Phi(1.65) = 0.95, t_{0.025}(24) = 2.064, t_{0.025}(25) = 2.060, t_{0.05}(24) = 1.711, t_{0.05}(25) = 1.708]$

15. 某超市抽查 81 人，调查他们每月在酱菜上的平均花费，平均值为 $\bar{X} = 5.9$ 元，样本标准差 $S = 1.2$ 元. 求到超市人群每月在酱菜上的平均花费 μ 的置信度为 95% 的区间估计.

$[\Phi(1.96) = 0.975, \Phi(1.65) = 0.95]$

16. 设某校学生的身高服从正态分布, 今从该校某班中随机抽查 100 名女生, 测得数据经计算如下: $\overline{X}$ = 162.67, S = 18.43, 求该校女生平均身高的 95% 的置信区间.

   $[\Phi(1.65) = 0.95, \Phi(1.96) = 0.975]$

17. 设某异常区磁场强度服从正态分布 $N(\mu, \sigma^2)$, 现对该地区进行磁测, 今抽测 16 个点, 算得样本均值 $\overline{X}$ = 12.7, 样本方差 S^2 = 0.003, 求出 σ^2 的置信度为 95% 的置信区间.

   $[\chi_{0.975}^2(15) = 6.262, \chi_{0.025}^2(15) = 27.488, \chi_{0.975}^2(14) = 5.629, \chi_{0.025}^2(14) = 26.119]$

18. 某大学数学测验, 抽得 20 个学生的分数平均数 $\overline{X}$ = 72, 样本方差 S^2 = 16, 假设分数服从正态分布, 求 σ^2 的置信度为 95% 的双侧置信区间.

   $[\chi_{0.975}^2(19) = 8.907, \chi_{0.025}^2(19) = 32.852, \chi_{0.975}^2(20) = 9.591, \chi_{0.025}^2(20) = 34.170]$

19. 某岩石密度的测量误差 $X \sim (\mu, \sigma^2)$, 取样本观测值 16 个, 得样本方差 S^2 = 0.04, 试求 σ^2 的置信度为 95% 的置信区间.

   $[\chi_{0.025}^2(16) = 28.845, \chi_{0.975}^2(16) = 6.908, \chi_{0.025}^2(15) = 27.488, \chi_{0.975}^2(15) = 6.262]$

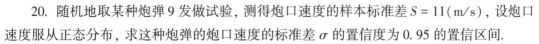

20. 随机地取某种炮弹 9 发做试验, 测得炮口速度的样本标准差 $S = 11(\text{m/s})$, 设炮口速度服从正态分布, 求这种炮弹的炮口速度的标准差 σ 的置信度为 0.95 的置信区间.

$$\left[\chi^2_{0.975}(8) = 2.180, \chi^2_{0.025}(8) = 17.535, \chi^2_{0.975}(9) \doteq 2.700, \chi^2_{0.025}(9) = 19.023 \right]$$

21. 从某厂生产的滚珠中随机抽取 10 个, 测得滚珠的直径(单位: mm)的样本方差 $S^2 = 0.0373$, 若滚珠直径服从正态分布 $N(\mu, \sigma^2)$, 且 μ 未知, 求滚珠直径方差 σ^2 的置信水平为 95% 的置信区间.

$$\left[\text{参考数据:} \begin{cases} \chi^2_{0.025}(9) = 19.023 \\ \chi^2_{0.975}(9) = 2.70 \end{cases}, \begin{cases} \chi^2_{0.05}(9) = 17.0 \\ \chi^2_{0.95}(9) = 3.30 \end{cases} \right]$$

22. 称量的标准差是天平精度的重要特征, 为检验一天平的精度, 将同一砝码在天平上重复称量了 12 次, 算得样本标准差为 $s = 0.0148$, 试求标准差的 0.95 的置信区间.

(参考数据: $\chi^2_{0.025}(11) = 21.92, \chi^2_{0.975}(11) = 3.816$)

23. 为考察某大学成年男性的胆固醇水平, 现抽取了样本容量为 25 的一个样本, 并测得样本均值为 186, 样本标准差为 12. 假定胆固醇水平服从正态分布 $N(\mu, \sigma^2)$, μ 与 σ^2 均未知, 求总体标准差 σ 的置信度为 90% 的置信区间.

$$\left[\chi^2_{0.05}(24) = 36.415, \chi^2_{0.95}(24) = 13.848 \right]$$

6.4　能力训练习题答案

一、选择题

1. A　2. D　3. B　4. A　5. A　6. D　7. C

二、填空题

1. 无偏性　有效性　一致性(相合性)　2. σ^2　3. $[4.412, 5.588]$　4. $\overline{X}$

5. 变短　6. $\left[\overline{X} - \dfrac{\sigma}{\sqrt{n}}u_{\alpha/2},\ \overline{X} + \dfrac{\sigma}{\sqrt{n}}u_{\alpha/2}\right]$

三、计算题

1. 解：(1)矩法：$E(X) = \displaystyle\int_5^6 x(\theta+1)(x-5)^{\theta}\mathrm{d}x = 6 - \dfrac{1}{\theta+2}$

令 $E(X) = 6 - \dfrac{1}{\theta+2} = \overline{X}$，所以 $\hat{\theta} = \dfrac{1}{6-\overline{X}} - 2$.

(2)极大似然法：令 $L(\theta) = \displaystyle\prod_{i=1}^n (\theta+1)(x_i-5)^{\theta} = (\theta+1)^n \prod_{i=1}^n (x_i-5)^{\theta}$，

两边取对数得：$\ln L(\theta) = n\ln(\theta+1) + \theta \displaystyle\sum_{i=1}^n \ln(x_i-5)$

两边对 θ 求导并令其为零：$(\ln L(\theta))' = \dfrac{n}{\theta+1} + \displaystyle\sum_{i=1}^n \ln(x_i-5) = 0$

所以　$\hat{\theta} = -\dfrac{n}{\displaystyle\sum_{i=1}^n \ln(x_i-5)} - 1$.

2. 解：(1)矩法：$E(X) = \displaystyle\int_0^1 x\beta x^{\beta-1}\mathrm{d}x = \dfrac{\beta}{\beta+1}$

令 $\dfrac{\beta}{\beta+1} = \overline{X}$，故 β 的矩估计量为 $\hat{\beta} = \dfrac{\overline{X}}{1-\overline{X}}$.

(2)极大似然法：$L(\beta) = \displaystyle\prod_{i=1}^n f(x_i;\beta) = \beta^n \prod_{i=1}^n x_i^{\beta-1}$

$\ln L(\beta) = n\ln\beta + (\beta-1)\displaystyle\sum_{i=1}^n \ln x_i$，令 $\dfrac{\mathrm{d}\ln L(\beta)}{\mathrm{d}\beta} = \dfrac{n}{\beta} + \displaystyle\sum_{i=1}^n \ln x_i = 0$

β 的极大似然估计量为 $\hat{\beta} = -\dfrac{n}{\displaystyle\sum_{i=1}^n \ln X_i}$.

3. 解：(1)矩法：$E(X) = \int_0^1 x(\theta+1)x^\theta \mathrm{d}x = \dfrac{\theta+1}{\theta+2}$

令 $E(X) = \dfrac{\theta+1}{\theta+2} = \overline{X}$，所以 $\hat{\theta} = \dfrac{2\overline{X}-1}{1-\overline{X}}$.

(2)极大似然法：令 $L(\theta) = \prod\limits_{i=1}^n (\theta+1)x_i^{\,\theta} = (\theta+1)^n \prod\limits_{i=1}^n x_i^{\,\theta}$，

两边取对数得：$\ln L(\theta) = n\ln(\theta+1) + \theta \sum\limits_{i=1}^n \ln x_i$

两边对 θ 求导并令其为零：$(\ln L(\theta))' = \dfrac{n}{\theta+1} + \sum\limits_{i=1}^n \ln x_i = 0$

所以　$\hat{\theta} = -\dfrac{n}{\sum\limits_{i=1}^n \ln x_i} - 1$.

4. 解：(1)矩法：$E(X) = \int_0^1 x\sqrt{\theta}\, x^{\sqrt{\theta}-1}\mathrm{d}x = \dfrac{\sqrt{\theta}}{\sqrt{\theta}+1}$

令 $E(X) = \dfrac{\sqrt{\theta}}{\sqrt{\theta}+1} = \overline{X}$，所以 $\hat{\theta} = \left(\dfrac{\overline{X}}{1-\overline{X}}\right)^2$.

(2)极大似然法：令 $L(\theta) = \prod\limits_{i=1}^n \sqrt{\theta}\, x_i^{\sqrt{\theta}-1} = \theta^{\frac{n}{2}} \prod\limits_{i=1}^n x_i^{\sqrt{\theta}-1}$，

两边取对数得：$\ln L(\theta) = \dfrac{n}{2}\ln\theta + (\sqrt{\theta}-1)\sum\limits_{i=1}^n \ln x_i$

两边对 θ 求导并令其为零：$(\ln L(\theta))' = \dfrac{n}{2\theta} + \dfrac{1}{2\sqrt{\theta}}\sum\limits_{i=1}^n \ln x_i = 0$

所以　$\hat{\theta} = \left(-\dfrac{n}{\sum\limits_{i=1}^n \ln x_i}\right)^2$.

5. 解：(1)矩法：$E(X) = \int_0^1 x\theta(1-x)^{\theta-1}\mathrm{d}x = \dfrac{1}{\theta+1}$

令 $E(X) = \dfrac{1}{\theta+1} = \overline{X}$，所以 $\hat{\theta} = \dfrac{1}{\overline{X}} - 1$.

(2)极大似然法：令 $L(\theta) = \prod\limits_{i=1}^n \theta(1-x_i)^{\theta-1} = \theta^n \prod\limits_{i=1}^n (1-x_i)^{\theta-1}$，

两边取对数得：$\ln L(\theta) = n\ln\theta + (\theta-1)\sum\limits_{i=1}^n \ln(1-x_i)$

两边对 θ 求导并令其为零：$(\ln L(\theta))' = \dfrac{n}{\theta} + \sum\limits_{i=1}^n \ln(1-x_i) = 0$

所以 $\hat{\theta} = -\dfrac{n}{\displaystyle\sum_{i=1}^{n} \ln(1-x_i)}$.

6. 解：(1)矩法：因为 $X \sim B(1, p)$，所以 $E(X) = p$

令 $E(X) = \overline{X}$，所以 $\hat{p} = \overline{X}$.

(2)极大似然法：令 $L(p) = \displaystyle\prod_{i=1}^{n} p^{x_i}(1-p)^{1-x_i} = p^{\sum_{i=1}^{x} x_i}(1-p)^{n-\sum_{i=1}^{n} x_i}$，

两边取对数得：$\ln L(p) = \ln p \times \displaystyle\sum_{i=1}^{n} x_i + \ln(1-p) \times (n - \displaystyle\sum_{i=1}^{n} x_i)$

两边对 p 求导并令其为零：$(\ln L(p))' = \dfrac{\displaystyle\sum_{i=1}^{n} x_i}{p} - \dfrac{n - \displaystyle\sum_{i=1}^{n} x_i}{1-p} = 0$

所以 $\hat{p} = \overline{x}$.

7. 解：(1)矩法：$E(X) = 1 \times \theta^2 + 2 \times 2\theta(1-\theta) + 3 \times (1-\theta)^2 = 3 - 2\theta$，$\overline{x} = \dfrac{4}{3}$

令 $E(X) = \overline{X}$，得 $3 - 2\theta = \overline{X}$，所以 $\hat{\theta} = \dfrac{3-\overline{X}}{2} = \dfrac{5}{6}$.

(2)极大似然法：$L(\theta) = P(x_1 = 1)P(x_2 = 2)P(x_3 = 1) = 2\theta^5(1-\theta)$

两边取对数得：$\ln L(\theta) = \ln 2 + 5\ln\theta + \ln(1-\theta)$

两边对 θ 求导并令其为零：$(\ln L(\theta))' = \dfrac{5}{\theta} - \dfrac{1}{1-\theta} = 0$

所以 $\hat{\theta} = \dfrac{5}{6}$.

8. 解：(1)矩法：$E(X) = 0 \times \theta^2 + 1 \times 2\theta(1-\theta) + 2 \times \theta^2 + 3 \times (1-2\theta) = 3 - 4\theta$，$\overline{x} = 2$

令 $E(X) = \overline{X}$，得 $3 - 4\theta = \overline{X}$，所以 $\hat{\theta} = \dfrac{3-\overline{X}}{4} = \dfrac{1}{4}$.

(2)极大似然法：$L(\theta) = 4\theta^6(1-\theta)^2(1-2\theta)^4$

两边取对数得：$\ln L(\theta) = \ln 4 + 6\ln\theta + 2\ln(1-\theta) + 4\ln(1-2\theta)$

两边对 θ 求导并令其为零：$(\ln L(\theta))' = \dfrac{6}{\theta} - \dfrac{2}{1-\theta} - \dfrac{8}{1-2\theta} = 0$

所以 $\hat{\theta} = \dfrac{7-\sqrt{13}}{12}$.

9. 解：(1)矩法：$E(X) = 0 \times \theta + 1 \times 2\theta + 2 \times (1-3\theta) = 2 - 4\theta$，$\overline{X} = \dfrac{4}{5}$

令 $E(X) = \overline{X}$，得 $2 - 4\theta = \overline{X}$，所以 $\hat{\theta} = \dfrac{2-\overline{X}}{4} = \dfrac{3}{10}$.

（2）极大似然法：$L(\theta) = 4\theta^4(1 - 3\theta)$

两边取对数得：$\ln L(\theta) = \ln 4 + 4\ln\theta + \ln(1 - 3\theta)$

两边对 θ 求导并令其为零：$(\ln L(\theta))' = \dfrac{4}{\theta} - \dfrac{3}{1 - 3\theta} = 0$

所以　$\hat{\theta} = \dfrac{4}{15}$.

10. 解：（1）矩法：因为 $X \sim B(2, \theta)$，所以 $E(X) = 2\theta$

令 $E(X) = \overline{X}$，得 $2\theta = \dfrac{1}{10}\sum\limits_{i=1}^{10} X_i$，所以 $\hat{\theta} = \dfrac{1}{20}\sum\limits_{i=1}^{10} X_i$.

（2）极大似然法：X 的分布律为：

$$\begin{array}{c|ccc} X & 0 & 1 & 2 \\ \hline P & (1-\theta)^2 & 2\theta(1-\theta) & \theta^2 \end{array}$$

所以 $L(\theta) = 8\theta^3(1 - \theta)^3\theta^{10}(1 - \theta)^4 = 8\theta^{13}(1 - \theta)^7$

两边取对数：$\ln L(\theta) = \ln 8 + 13\ln\theta + 7\ln(1 - \theta)$，对 θ 求导令其为零：

$(\ln L(\theta))' = \dfrac{13}{\theta} - \dfrac{7}{1 - \theta} = 0$，所以 $\hat{\theta} = \dfrac{13}{20}$.

11. 解：已知 $n = 225$，$\bar{x} = 7.33$，$s = 0.31$，$1 - \alpha = 0.95$，

所以该大学的大学生血清总蛋白含量 95% 的置信区间为：

$$\left[\overline{X} - \dfrac{S}{\sqrt{n}}t_{\alpha/2}(n - 1), \overline{X} + \dfrac{S}{\sqrt{n}}t_{\alpha/2}(n - 1)\right] = \left[7.33 - \dfrac{0.31}{\sqrt{225}} \times 1.96, 7.33 + \dfrac{0.31}{\sqrt{225}} \times 1.96\right]$$

$$= [7.29, 7.37]$$

12. 解：已知 $n = 100$，$\overline{X} = 5$，$\sigma = 1$，$1 - \alpha = 0.95$，

μ 的 95% 的置信区间为：

$$\left[\overline{X} - \dfrac{\sigma}{\sqrt{n}}u_{\alpha/2}, \overline{X} + \dfrac{\sigma}{\sqrt{n}}u_{\alpha/2}\right] = \left[5 - \dfrac{1}{\sqrt{100}} \times 1.96, 5 + \dfrac{1}{\sqrt{100}} \times 1.96\right] = [4.80, 5.20]$$

13. 解：已知 $n = 25$，$\overline{X} = 78.5$，$S = 20$，$1 - \alpha = 0.9$，

所以该商店一年来发票平均金额的置信度为 90% 的置信区间为：

$$\left[\overline{X} - \dfrac{S}{\sqrt{n}}t_{\alpha/2}(n - 1), \overline{X} + \dfrac{S}{\sqrt{n}}t_{\alpha/2}(n - 1)\right] = \left[78.5 - \dfrac{20}{\sqrt{25}} \times 1.711, 78.5 + \dfrac{20}{\sqrt{25}} \times 1.711\right]$$

$$= [71.66, 85.34]$$

14. 解：已知 $n = 25$，$\overline{X} = 170$，$S = 30$，$1 - \alpha = 0.95$，

职工每月医疗费均值 μ 的置信水平为 0.95 的置信区间为：

$$\left[\overline{X} - \dfrac{S}{\sqrt{n}}t_{\alpha/2}(n - 1), \overline{X} + \dfrac{S}{\sqrt{n}}t_{\alpha/2}(n - 1)\right] = \left[170 - \dfrac{30}{\sqrt{25}} \times 2.064, 170 + \dfrac{30}{\sqrt{25}} \times 2.064\right]$$

$$= [157.616, 182.384]$$

15. 解：已知 $n = 81$，$\overline{X} = 5.9$，$S = 1.2$，$1 - \alpha = 0.95$，

到超市人群每月在酱菜上的平均花费 μ 的置信度为 95% 的置信区间为：

$$\left[\overline{X} - \frac{S}{\sqrt{n}}t_{\alpha/2}(n-1), \ \overline{X} + \frac{S}{\sqrt{n}}t_{\alpha/2}(n-1)\right] = \left[5.9 - \frac{1.2}{\sqrt{81}} \times 1.96, \ 5.9 + \frac{1.2}{\sqrt{81}} \times 1.96\right]$$

$$= [5.64, 6.16]$$

16. 解：已知 $n = 100$，$\overline{X} = 162.67$，$S = 18.43$，$1 - \alpha = 0.95$，

该校女生平均身高的 95% 的置信区间为：

$$\left[\overline{X} - \frac{S}{\sqrt{n}}t_{\alpha/2}(n-1), \ \overline{X} + \frac{S}{\sqrt{n}}t_{\alpha/2}(n-1)\right] = \left[162.67 - \frac{18.43}{\sqrt{100}} \times 1.96, \ 162.67 + \frac{18.43}{\sqrt{100}} \times 1.96\right]$$

$$= [159.06, 166.28]$$

17. 解：已知 $n = 16$，$S^2 = 0.003$，$1 - \alpha = 0.95$，

所以 σ^2 的置信度为 95% 的置信区间为：

$$\left[\frac{(n-1)S^2}{\chi^2_{\frac{\alpha}{2}}(n-1)}, \ \frac{(n-1)S^2}{\chi^2_{1-\frac{\alpha}{2}}(n-1)}\right] = \left[\frac{15 \times 0.003}{27.488}, \ \frac{15 \times 0.003}{6.262}\right] = [0.0016, 0.0072]$$

18. 解：已知 $n = 20$，$S^2 = 16$，$1 - \alpha = 0.95$，

所以 σ^2 的置信度为 95% 的置信区间为：

$$\left[\frac{(n-1)S^2}{\chi^2_{\frac{\alpha}{2}}(n-1)}, \ \frac{(n-1)S^2}{\chi^2_{1-\frac{\alpha}{2}}(n-1)}\right] = \left[\frac{19 \times 16}{32.852}, \ \frac{19 \times 16}{8.907}\right] = [9.25, 34.13].$$

19. 解：已知 $n = 16$，$S^2 = 0.04$，$1 - \alpha = 0.95$，

所以 σ^2 的置信度为 95% 的置信区间为：

$$\left[\frac{(n-1)S^2}{\chi^2_{\frac{\alpha}{2}}(n-1)}, \ \frac{(n-1)S^2}{\chi^2_{1-\frac{\alpha}{2}}(n-1)}\right] = \left[\frac{15 \times 0.04}{27.488}, \ \frac{15 \times 0.04}{6.262}\right] = [0.022, 0.096].$$

20. 解：已知 $n = 9$，$S = 11$，$1 - \alpha = 0.95$，

所以这种炮弹的炮口速度的标准差 σ 的置信度为 0.95 的置信区间为：

$$\left[\sqrt{\frac{(n-1)S^2}{\chi^2_{\frac{\alpha}{2}}(n-1)}}, \ \sqrt{\frac{(n-1)S^2}{\chi^2_{1-\frac{\alpha}{2}}(n-1)}}\right] = \left[\sqrt{\frac{8 \times 121}{17.535}}, \ \sqrt{\frac{8 \times 121}{2.18}}\right] = [7.43, 21.07].$$

21. 解：已知 $n = 10$，$S^2 = 0.0373$，$1 - \alpha = 0.95$，

所以滚珠直径方差 σ^2 的置信水平为 95% 的置信区间为：

$$\left[\frac{(n-1)S^2}{\chi^2_{\frac{\alpha}{2}}(n-1)}, \ \frac{(n-1)S^2}{\chi^2_{1-\frac{\alpha}{2}}(n-1)}\right] = \left[\frac{9 \times 0.0373}{19.023}, \ \frac{9 \times 0.0373}{2.7}\right] = [0.0176, 0.1243].$$

22. 解：已知 $n = 12$，$S = 0.0148$，$1 - \alpha = 0.95$，

标准差的 0.95 的置信区间为：

$$\left[\sqrt{\frac{(n-1)S^2}{\chi^2_{\frac{\alpha}{2}}(n-1)}}, \sqrt{\frac{(n-1)S^2}{\chi^2_{1-\frac{\alpha}{2}}(n-1)}}\right] = \left[\sqrt{\frac{11}{21.92}} \times 0.0148, \sqrt{\frac{11}{3.816}} \times 0.0148\right]$$

$$= [0.01, 0.025]$$

23. 解：已知 $n = 25$，$S = 12$，$1 - \alpha = 0.9$，

总体标准差 σ 的置信度为 90% 的置信区间为：

$$\left[\sqrt{\frac{(n-1)S^2}{\chi^2_{\frac{\alpha}{2}}(n-1)}}, \sqrt{\frac{(n-1)S^2}{\chi^2_{1-\frac{\alpha}{2}}(n-1)}}\right] = \left[\sqrt{\frac{24}{36.415}} \times 12, \sqrt{\frac{24}{13.848}} \times 12\right] = [9.74, 15.80]$$

第 7 章　假设检验

7.1　学习指导

7.1.1　基本要求

（1）理解假设检验的基本思想；掌握假设检验的基本步骤，会构造简单假设检验的显著性检验.

（2）了解假设检验可能产生的两类错误.

（3）掌握单个正态总体均值和方差的假设检验.

7.1.2　主要内容

1. 假设检验的基本概念

设总体 X 的分布函数为 $F(x)$，$F(x)$ 一般完全或部分未知，对未知的总体分布所作假设称为一个统计假设（简称假设）. 当总体分布的类型已知，对分布的一个或几个未知参数的值作出假设，或者对总体分布函数的类型或某些特征提出某种假设，这种假设称为待检假设或零假设，通常用 H_0 表示. 事实上，当我们提出了零假设时，也同时给出了另外一个假设，即提供给我们选择的备择假设，记为 H_1. H_0 与 H_1 是互不相容的.

在参数模型下，如果总体的分布类型已知，仅仅是某个或几个参数未知，只要对未知参数作出假设就可确定总体的分布. 这种仅涉及总体分布的参数的统计假设称为参数假设. 若是对总体的分布类型或某些特征提出假设，则称为非参数假设.

2. 两类错误

作出判断的依据是一个样本，由于样本的随机性，进行假设检验时不可避免地出现误判而犯错误. 当 H_0 为真时，仍可能作出拒绝 H_0 的判断，这类错误称为第一类错误，也称为"弃真"或"拒真"错误；也可能在 H_0 不真时，却接受 H_0，这类错误称为第二类错误，也称为"取伪"或"受伪"错误. 犯第一类错误的概率为

$$P\{拒绝\ H_0 | H_0\ 为真\}$$

由于在实际中无法排除犯这类错误的可能性，因此，我们自然希望犯第一类错误的概

率控制在一定的限度之内. 例如可给定一个较小的正数 $\alpha(0<\alpha<1)$, 并使

$$P\{拒绝\ H_0|H_0\ 为真\}\leqslant\alpha$$

一般地称 α 为检验水平或显著性水平.

3. 假设检验的程序

(1)根据题意合理地建立原假设 H_0 和备择假设 H_1.

若原假设为 $H_0:\mu=\mu_0$, 则备择假设 H_1 根据实际情况可以有下面三种:

$$H_1:\ ①\mu\neq\mu_0;\ ②\mu<\mu_0;\ ③\mu>\mu_0$$

在一般情况下 H_1 常选择①, 这时称为双侧检验; 若选择②或③, 则称为单侧检验. 如所考虑总体的均值越大越好时, H_1 可选择③.

(2)选择适当的检验统计量 T.

要求在 H_0 为真时, 统计量 T 的分布是确定或已知的.

(3)规定检验水平 α, 并由 H_0 和 H_1 确定一个合理的拒绝域.

(4)由样本观测值计算出统计量 T 的值 T_0.

(5)作出判断: 若统计量的值 T_0 落在拒绝域内, 则拒绝 H_0, 否则接受 H_0.

4. 单个正态总体的假设检验

设总体 $X\sim N(\mu,\sigma^2)$, 关于它的假设检验, 主要是下面四种:

(1)已知方差 σ^2, 检验 μ 的假设;

(2)未知方差 σ^2, 检验 μ 的假设;

(3)已知均值 μ, 检验 σ^2 的假设;

(4)未知均值 μ, 检验 σ^2 的假设.

原假设, 备择假设及判断结论见表 7-1 和表 7-2.

表 7-1　单个正态总体均值检验表

	H_0	H_1	方差 σ^2 已知	方差 σ^2 未知
			在显著性水平 α 下拒绝 H_0, 若	
I	$\mu=\mu_0$	$\mu\neq\mu_0$	$\left\|\dfrac{\bar{x}-\mu_0}{\sigma/\sqrt{n}}\right\|\geqslant U_{\frac{\alpha}{2}}$	$\left\|\dfrac{\bar{x}-\mu_0}{S/\sqrt{n}}\right\|\geqslant t_{\alpha/2}(n-1)$
II	$\mu=\mu_0$	$\mu>\mu_0$	$\dfrac{\bar{x}-\mu_0}{\sigma/\sqrt{n}}>U_\alpha$	$\dfrac{\bar{x}-\mu_0}{S/\sqrt{n}}\geqslant t_\alpha(n-1)$
III	$\mu=\mu_0$	$\mu<\mu_0$	$\dfrac{\bar{x}-\mu_0}{\sigma/\sqrt{n}}\leqslant -U_\alpha$	$\dfrac{\bar{x}-\mu_0}{S/\sqrt{n}}\leqslant -t_\alpha(n-1)$

注: 表 7-1 中, $\bar{x}=\dfrac{1}{n}\sum\limits_{i=1}^{n}x_i$, z_α 与 $z_\alpha(n-1)$ 分别为标准正态分布与 t 分布的临界值, 它们满足

$$P\{u>z_\alpha\}=\alpha(u\sim N(0,1))$$

$$P\{t(n-1)>t_\alpha(n-1)\}=\alpha$$

表 7-2　单个正态总体方差检验表

	H_0	H_1	均值 μ 已知	均值 μ 未知
			在显著性水平 α 下拒绝 H_0，若	
I	$\sigma^2 = \sigma_0^2$	$\sigma^2 \neq \sigma_0^2$	$\dfrac{(n-1)S^2}{\sigma_0^2} \begin{cases} \leq \chi_{1-\alpha/2}^2(n) \text{ 或} \\ \geq \chi_{\alpha/2}^2(n) \end{cases}$	$\dfrac{(n-1)S^2}{\sigma_0^2} \begin{cases} \leq \chi_{1-\alpha/2}^2(n-1) \text{ 或} \\ \geq \chi_{\alpha/2}^2(n-1) \end{cases}$
II	$\sigma^2 = \sigma_0^2$	$\sigma^2 < \sigma_0^2$	$\dfrac{(n-1)S^2}{\sigma_0^2} \leq \chi_{1-\alpha}^2(n)$	$\dfrac{(n-1)S^2}{\sigma_0^2} \leq \chi_{1-\alpha}^2(n-1)$
III	$\sigma = \sigma_0^2$	$\sigma^2 > \sigma_0^2$	$\dfrac{(n-1)S^2}{\sigma_0^2} \geq \chi_{\alpha}^2(n)$	$\dfrac{(n-1)S^2}{\sigma_0^2} \geq \chi_{\alpha}^2(n-1)$

注：表 7-2 中，$S^2 = \dfrac{1}{n-1}\sum_{i=1}^{n}(x_i - \bar{x})^2$

5. 两个正态总体的假设检验

设 $X \sim N(\mu_1, \sigma_1^2)$，$Y \sim N(\mu_2, \sigma_2^2)$，并且 X 和 Y 相互独立．$x_1, x_2, \cdots, x_{n_1}, y_1, y_2, \cdots, y_{n_2}$ 是分别来自这两个总体的独立随机样本．记 $\bar{x} = \dfrac{1}{n_1}\sum_{i=1}^{n_1}x_i$，$\bar{y} = \dfrac{1}{n_2}\sum_{i=1}^{n_2}y_i$，$S_1^2 = \dfrac{1}{n_1-1}\sum_{i=1}^{n_1}(x_i - \bar{x})^2$，$S_2^2 = \dfrac{1}{n_2-1}\sum_{i=1}^{n_2}(y_i - \bar{y})^2$．

两个正态总体的假设检验问题主要有：

(1) $\sigma_1^2 = \sigma_2^2 = \sigma^2$ 未知，通过两组样本比较两个总体均值；

(2) $\sigma_1^2 \neq \sigma_2^2$ 未知，通过两组样本比较两个总体均值；

(3) μ_1，μ_2 未知，通过两组样本比较两个总体方差．

原假设、备择假设及判断结论见表 7-3 和表 7-4．

表 7-3　两个正态总体均值检验表

	H_0	H_1	$\sigma_1^2 = \sigma_2^2 = \sigma^2$ 未知	σ_1^2，σ_2^2 未知，且不等
			在显著性水平 α 下拒绝 H_0，若	
I	$\mu_1 = \mu_2$	$\mu_1 \neq \mu_2$	$\left\| \dfrac{\bar{x}-\bar{y}}{S_w\sqrt{1/n_1 + 1/n_2}} \right\| \geq t_{\alpha/2}(n_1 + n_2 - 2)$	$\dfrac{\|\bar{x}-\bar{y}\|}{\sqrt{S_1^2/n_1 + S_2^2/n_2}} \geq t'_{\frac{\alpha}{2}}(f)$
II	$\mu_1 = \mu_2$	$\mu_1 > \mu_2$	$\dfrac{\bar{x}-\bar{y}}{S_w\sqrt{1/n_1 + 1/n_2}} \geq t_{\alpha}(n_1 + n_2 - 2)$	$\dfrac{\bar{x}-\bar{y}}{\sqrt{S_1^2/n_1 + S_2^2/n_2}} \geq t_{\alpha}(f)$
III	$\mu_1 = \mu_2$	$\mu_1 < \mu_2$	$\dfrac{\bar{x}-\bar{y}}{S_w\sqrt{1/n_1 + 1/n_2}} \leq 1 - t_{\alpha}(n_1 + n_2 - 2)$	$\dfrac{\bar{x}-\bar{y}}{\sqrt{S_1^2/n_1 + S_2^2/n_2}} \leq -t_{\alpha}(f)$

注：表 7-2 中，

$$S_w^2 = \frac{(n_1-1)S_1^2 + (n_2-1)S_2^2}{n_1 + n_2 - 2}, \quad t'_{\alpha} = \frac{\dfrac{S_1^2}{n_1}\cdot t_{\alpha}(n_1-1) + \dfrac{S_2^2}{n_2}\cdot t_{\alpha}(n_2-1)}{S_1^2/n_1 + S_2^2/n_2}$$

表 7-4　两个正态总体方差比检验表

	H_0	H_1	μ_1,μ_2 未知 在显著性水平 α 下拒绝 H_0，若
I	$\sigma_1^2=\sigma_2^2$	$\sigma_1^2\neq\sigma_2^2$	$\dfrac{S_1^2}{S_2^2}\leq F_{1-\alpha/2}(n_1-1,\ n_2-1)$ 或 $\dfrac{S_1^2}{S_2^2}\geq F_{\alpha/2}(n_1-1,\ n_2-1)$
II	$\sigma_1^2=\sigma_2^2$	$\sigma_1^2>\sigma_2^2$	$\dfrac{S_1^2}{S_2^2}\geq F_{\alpha}(n_1-1,\ n_2-1)$
III	$\sigma_1^2=\sigma_2^2$	$\sigma_1^2<\sigma_2^2$	$\dfrac{S_1^2}{S_2^2}\leq F_{1-\alpha}(n_1-1,\ n_2-1)$

7.1.3　学习提示

(1)统计推断就是用样本来推断总体，包括参数估计和假设检验. 假设检验是对总体的分布形式或分布中某些未知参数提出某种假设，然后抽取样本构造合适的统计量，对假设的正确性进行判断.

(2)假设检验类似于参数估计的"反证法". 首先提出一个原假设 H_0，然后构造一个统计量 N，求出 H_0 成立时统计量的分布，并构造对 H_0 不利的小概率事件 $P\{$拒绝 $H_0|H_0$ 成立$\}$，根据给定的显著水平 α，取统计量 N 的分位数 N_α，使得 $P(N>N_\alpha)=\alpha$. 当这个小概率事件发生时就拒绝原假设 H_0，否则就接受原假设 H_0.

(3)在假设检验中，一个检验方法一定会犯错误.

真实情况 判断	H_0 为真	H_1 为真
H_0 为真	正确	取伪
H_1 为真	弃真	正确

在实际应用中，只会犯一种错误. 如果假设检验的结果是拒绝了原假设 H_0，犯"弃真"错误. 如果假设检验的结果是接受了原假设 H_0，犯"取伪"错误.

(4)我们所用的假设检验只要使犯第一类错误的概率小点，那么也是一种显著性检验. 要使犯两类错误的概率同时都要小，在实际问题中，一般是办不到的.

7.2　典型例题

例 1　对正态总体的数学期望 μ 进行假设检验，如果在显著水平 0.05 下接受 $H_0:\mu=\mu_0$，那么在显著水平 0.01 下，正确的是(　　　).

A. 必接受 H_0　　　　　　　　B. 可能接受也可能拒绝 H_0

C. 必拒绝 H_0 D. 不接受也不拒绝 H_0

解 应选 A. 因为检验水平 α 越小，接受域的范围越大，也就是在检验水平 $\alpha=0.01$ 下的接受域. 包含了在 $\alpha=0.05$ 下的接受域，如果在 $\alpha=0.05$ 时接受 H_0，即样本值落在接受域内，则此样本值也一定落在 $\alpha=0.01$ 的接受域，因此接受 H_0.

例 2 下表分别给出文学家马克·吐温的 8 篇小品文以及斯诺特格拉斯的 10 篇小品文中由三个字母组成的词的比例.

马克·吐温	0.225	0.262	0.217	0.240	0.230	0.229	0.235	0.217		
斯诺特格拉斯	0.209	0.205	0.196	0.210	0.202	0.207	0.224	0.223	0.220	0.201

设两组数据分别来自正态总体，且总体方差相等，两样本相互独立，问两位作家所写的小品文中包含由三个字母组成的词的比例是否有显著的差异.（$\alpha=0.05$）

解 本题是在 $\alpha=0.05$ 下检验假设

$$H_0:\mu_1=\mu_2;\ H_1:\mu_1\neq\mu_2$$

由于均值已知，属于 t 检验.

检验统计量为

$$t=\frac{|\bar{x}-\bar{y}|}{S_w\sqrt{1/n_1+1/n_2}}$$

式中

$$S_w^2=\frac{(n_1-1)S_1^2+(n_2-1)S_2^2}{n_1+n_2-2}$$

由样本数据可求得

$$\bar{x}=0.231875,\ S_1^2=2.12125\times10^{-4},\ \bar{y}=0.20971$$

$$S_2^2=9.3344\times10^{-5},\ n_1=8,\ n_2=10$$

$$t=\frac{|0.231875-0.20971|}{\sqrt{\frac{7\times2.12125\times10^{-4}+9\times9.3344\times10^{-5}}{16}}\cdot\sqrt{\frac{1}{8}+\frac{1}{10}}}=3.876$$

对显著性水平 $\alpha=0.05$，查表得

$$t_{\alpha/2}(n_1+n_2-2)=t_{0.025}(16)=2.1199$$

因为 $t=3.878>t_{0.025}(16)=2.1199$，落在拒绝域中，所以拒绝 H_0，即认为两个作家写的小品文中包含由 3 个字母组成的词的比例有显著差异.

例 3 已知某炼铁厂铁水含碳量服从正态分布 $N(4.55,0.108^2)$，现在测定了 9 炉铁水，其平均含碳量为 4.484，若估计方差没有变化，可否认为现在生产的铁水平均含碳量仍为 4.55（$\alpha=0.05$）？

解　已知 $\sigma^2 = 0.108^2$，在显著水平 $\alpha = 0.05$ 下检验假设

$$H_0 : \mu = \mu_0 = 4.55; \quad H_1 : \mu \neq \mu_0$$

属于双侧 u 检验问题，选用统计量

$$u = \frac{\overline{X} - \mu_0}{\sigma / \sqrt{n}} \sim N(0, 1)$$

（1）计算统计量 u 的样本值

$$|u| = \frac{|\overline{X} - \mu_0|}{\sigma / \sqrt{n}} = \frac{|4.484 - 4.55|}{0.108 / \sqrt{9}} = 1.833.$$

（2）$\alpha = 0.05$，由 $\phi(z_{\alpha/2}) = 1 - \alpha/2 = 0.975$，查表知 $z_{\alpha/2} = 1.96$.

（3）因 $|u| = 1.833 < z_{\alpha/2} = 1.96$，因此，接受 H_0，即认为现在生产的铁水平均含碳量仍为 4.55.

例 4　设某次考试的学生成绩服从正态分布，从中随机地抽取 36 位考生的成绩，算得平均成绩为 66.5 分，标准差为 15 分. 问在显著性水平 0.05 下，是否可以认为这次考试全体考生的平均成绩为 70 分？给出检验过程.

解　设该次考试的学生成绩为 X，则 $X \sim N(\mu, \sigma^2)$，把从 X 中抽取的容量为 $n = 36$ 的样本均值记为 $\overline{X}$，样本标准差记为 S. 本题是在显著性水平 $\alpha = 0.05$ 下检验假设

$$H_0 : \mu = 70; \quad H_1 : \mu = 70$$

由于 σ^2 未知，用 t 检验法. 选用统计量

$$t = \frac{\overline{X} - \mu_0}{S / \sqrt{n}} = \frac{\overline{X} - 70}{S / \sqrt{n}} \sim t(n - 1)$$

算得

$$|t| = \frac{|\overline{X} - \mu_0|}{S / \sqrt{n}} = \frac{|66.5 - 70|}{15 / \sqrt{36}} = 1.4$$

本检验问题的拒绝域为

$$|t| = \frac{|\overline{X} - 70|}{S / \sqrt{n}} > t_{\alpha/2}(n - 1)$$

查表得

$$t_{0.025}(35) = 2.0301$$

因为 $|t| = 1.4 < 2.0301$，所以统计量 t 未落入拒绝域中，从而接受 H_0，即在显著水平 0.05 下，可以认为这次考试全体学生的平均成绩为 70 分.

例 5　用包装机包装某种洗衣粉，在正常情况下，每袋质量为 1000 g，标准差 σ 不能超过 15 g，现设每袋洗衣粉的净重服从正态分布，为检验机器工作的情况，从已装好的袋中随机抽取 10 袋，测得其净重（单位：g）为

$$1020,\ 1030,\ 968,\ 994,\ 1014,\ 998,\ 976,\ 982,\ 950,\ 1048$$

问这天机器是否工作正常？（$\alpha = 0.05$）

解 此题可作 μ 已知，也可作 μ 未知．这里 μ 作为未知

$$H_0 : \sigma^2 = 15^2 ;\ H_1 : \sigma^2 > 15^2$$

属于单侧 χ^2 检验．检验统计量为

$$\chi^2 = \frac{(n-1)S^2}{\sigma^2} \sim \chi^2(n-1)$$

由样本数据可求得 $\overline{X} = 998$，$S = 30.33$

$$\chi^2 = \frac{(n-1)S^2}{\sigma^2} = \frac{9 \times 30.33^2}{15^2} = 36.554$$

对显著性水平 $\alpha = 0.05$，查 χ^2 分布表得

$$\chi_\alpha^2(n-1) = \chi_{0.05}^2(9) = 16.919$$

因为 $\chi^2 = 36.554 > \chi_\alpha^2(n-1) = 16.919$，落在拒绝域中，所以可认为这天机器工作不正常．

思考题

(1) 分析假设检验的基本思想及检验过程．

(2) 剖析假设检验的两类错误并举例说明．

(3) 举例说明假设检验在新技术、新产品、新工艺的认证中的应用．

(4) 在假设检验过程中如何根据具体问题确定显著性水平 α？并说明其对结果添加的影响．

7.3 能力训练习题

一、选择题

1. 对总体的数学期望 μ 进行假设检验，如果在显著水平 0.05 下接受 $H_0 : \mu = \mu_0$，那么在显著水平 0.01 下，下列结论正确的是( )．

A. 必接受 H_0 　　　　　　　　　　B. 必接受 H_1

C. 必拒绝 H_0 　　　　　　　　　　D. 不接受也不拒绝 H_0

2. 在假设检验中，H_0 表示原假设，H_1 表示备择假设，以下犯第二类错误的是( )．

A. H_1 不真，接受 H_1 　　　　　　B. H_0 不真，接受 H_1

C. H_0 不真，接受 H_0 　　　　　　D. H_0 为真，接受 H_1

3. 在假设检验问题中，检验水平 α 的意义是( )．

A. 原假设 H_0 成立，经检验被拒绝的概率

B. 原假设 H_0 成立，经检验不能被拒绝的概率

C. 原假设 H_0 不成立，经检验被拒绝的概率

D. 原假设 H_0 不成立，经检验不能被拒绝的概率

4. 设总体 $X \sim N(\mu, \sigma^2)$，σ^2 已知，通过样本 X_1，X_2，$\cdots$，X_n 检验假设 $H_0: \mu = \mu_0$，取统计量(　　).

A. $\dfrac{\overline{X} - \mu}{\sigma / \sqrt{n}}$ B. $\dfrac{\overline{X} - \mu_0}{\sigma / \sqrt{n}}$

C. $\dfrac{\overline{X} - \mu}{S / \sqrt{n}}$ D. $\dfrac{\overline{X} - \mu_0}{S / \sqrt{n}}$

5. 设总体 $X \sim N(\mu, \sigma^2)$，σ^2 未知，通过样本 X_1，X_2，$\cdots$，X_n 检验假设 $H_0: \mu = \mu_0$，取统计量(　　).

A. $\dfrac{\overline{X} - \mu}{\sigma / \sqrt{n}}$ B. $\dfrac{\overline{X} - \mu_0}{\sigma / \sqrt{n}}$

C. $\dfrac{\overline{X} - \mu}{S / \sqrt{n}}$ D. $\dfrac{\overline{X} - \mu_0}{S / \sqrt{n}}$

6. 设某个假设检验问题的拒绝域为 W，且当原假设 H_0 成立时，样本值 $(x_1, x_2, \cdots, x_n)$ 落入 W 的概率为 0. 15，则犯第一类错误的概率为(　　).

A. 0. 1   B. 0. 15

C. 0. 2   D. 0. 25

7. 在对单个正态总体均值的假设检验中，当总体方差已知时，选用(　　).

A. t 检验法   B. U 检验法

C. F 检验法   D. χ^2 检验法

二、填空题

1. 设 X_1，X_2，$\cdots$，X_n 是来自正态总体 $X \sim N(\mu, \sigma^2)$ 的简单随机样本，μ 和 σ^2 均未知，记 $\overline{X}$，S^2 分别为样本均值和样本方差，则假设 $H_0: \mu = \mu_0$ 使用的统计量为_____.

2. 设 X_1，X_2，$\cdots$，X_n 为取自总体 $X \sim N(\mu, \sigma^2)$ 的样本，若 σ^2 已知，则检验 $H_0: \mu = \mu_0$ 时，构造检验统计量为_____.

3. 设某个假设检验问题的拒绝域为 W，且当原假设 H_0 成立时，样本值 x_1，x_2，$\cdots$，x_n 落入 W 的概率为 0. 05，则犯第一类错误的概率为_____.

4. 在显著性检验中，若要使犯两类错误的概率同时变小，则只有_____.

三、计算题

1. 设某次考试的学生成绩服从正态分布, 从中随机地抽取 25 位考生的成绩, 算得平均成绩为 $\bar{x} = 66$ 分, 标准差 $S = 20$. 问在显著性水平 $\alpha = 0.05$ 下, 是否可以认为这次考试全体考生的平均成绩为 71 分? 给出检验过程.

$$[t_{0.025}(24) = 2.0639, \; t_{0.05}(24) = 1.7109]$$

2. 机器自动包装食盐, 设每袋盐的净重服从正态分布, 要求每袋盐的标准重量为 500 克. 某天开工后, 为了检验机器是否正常工作, 从已经包装好的食盐中随机取 9 袋, 测得样本均值 $\bar{X} = 499$ 克, 样本方差 $S = 16.03$. 问在显著性水平 $\alpha = 0.05$ 下这天自动包装机工作是否正常? $[t_{0.025}(8) = 2.306, \; t_{0.05}(8) = 1.8595]$

3. 设某次概率统计课程期末考试的学生成绩服从正态分布, 从中随机地抽取 36 位考生的成绩, 算得平均成绩为 $\bar{X} = 72$ 分, 样本标准差为 $S = 9.3$. 问在显著性水平 $\alpha = 0.1$ 下, 是否可以认为这次考试全体考生的平均成绩为 70 分? 给出检验过程.

$$[t_{0.05}(35) = 1.6896, \; t_{0.025}(35) = 2.0301]$$

4. 假设某城市购房业主的年龄服从正态分布, 长期统计资料表明业主年龄 $X \sim N(35, 5^2)$. 今随机抽取 400 名业主进行统计调研, 业主平均年龄为 30 岁. 问在显著性水平 $\alpha = 0.01$ 下, 业主的平均年龄是否为 35 岁? $[\Phi(2.58) = 0.995, \; \Phi(2.33) = 0.99]$

5. 某广告公司在广播电台做流行歌曲 CD 广告,它的广告是针对平均年龄为 21 岁的年轻人. 广告公司想了解其节目是否为目标听众所接受. 假定听众的年龄服从正态分布,现随机抽取 400 位听众进行调查,得 $\overline{X}$ = 25 岁, S^2 = 16,以显著性水平 α = 0.05 判断广告公司的广告策划是否符合实际. $\left[\, (\varPhi(1.96) = 0.975,\ \varPhi(2.33) = 0.99) \,\right]$

6. 某百货商场的日销售额服从正态分布,去年的日均销售额为 53.6 万元,方差为 36. 今年随机抽查了 25 个日销售额,算得样本均值 $\overline{X}$ = 57.7 万元,根据经验,今年日销售额的方差没有变化. 问:在 α = 0.05 下今年的日平均销售额与去年相比有无显著性变化?

$\left[\, \varPhi(1.96) = 0.975,\ t_{0.025}(24) = 2.0639 \,\right]$

7. 某厂生产的电视机在正常状况下的使用寿命为 X(单位:年),且 $X \sim N(\mu, 4)$. 今调查了 10 台电视机的使用寿命,并算得其使用寿命的样本方差为 S^2 = 8.0. 试问能否在显著性水平 α = 0.05 下认为这批电视机的使用寿命的方差仍为 4?

$\left[\, \chi^2_{0.025}(9) = 19.0,\ \chi^2_{0.975}(9) = 2.7,\ \chi^2_{0.025}(10) = 20.483,\ \chi^2_{0.975}(10) = 3.247 \,\right]$

8. 已知某铁厂在正常的情况下,铁水含碳量 $X \sim N(\mu, \sigma^2)$,其方差 σ^2 = 0.03,在某段时间内抽测了 10 炉铁水,测得铁水的含碳量的样本方差为 0.0375,试问在显著性水平 α = 0.05 下这段时间生产的铁水含碳量方差与正常情况下的方差有无显著性差异?

$\left[\, \chi^2_{0.025}(10) = 20.48,\ \chi^2_{0.975}(10) = 3.25,\ \chi^2_{0.025}(9) = 19.02,\ \chi^2_{0.975}(9) = 2.7 \,\right]$

9. 正常人的脉搏平均为 72 次/分，设患者的脉搏数 $X \sim N(\mu, \sigma^2)$，今对某种疾病患者 9 人测量，经计算得样本均值为 68 次/分，样本标准差为 4.853，问在显著性水平 $\alpha = 0.05$ 下患者的脉搏与正常人的脉搏有无显著性差异？

[已知：$t_{0.025}(8) = 2.306$，$t_{0.025}(9) = 2.262$，$\Phi(1.96) = 0.975$]

10. 某种元件的寿命 X 服从正态分布 $N(\mu, \sigma^2)$，从中抽取一个容量为 16 的样本，测得样本均值 $\overline{X} = 240$，样本标准差 $S = 100$，取显著性水平 $\alpha = 0.05$，是否可以认为元件的平均寿命为 225？[$t_{0.025}(15) = 2.1314$，$t_{0.025}(16) = 2.1199$]

11. 公司从牛奶商处购买牛奶，公司怀疑牛奶商在牛奶中掺水以谋利，通过测定牛奶的冰点可以检验牛奶是否掺水，天然牛奶的冰点温度近似服从正态分布，均 $\mu_0 = -0.545℃$，标准差 $\sigma = 0.08$，测得生产商提供的 25 批牛奶的冰点温度，其均值为 $\overline{X} = -0.535$，问是否可以认为生产商在牛奶中掺了水？取 $\alpha = 0.05$.

[$\Phi(1.65) = 0.95$，$\Phi(1.96) = 0.975$]

7.4 能力训练习题答案

一、选择题

1. A   2. C   3. A   4. B   5. D   6. B   7. B

二、填空题

1. $\dfrac{\overline{X} - \mu_0}{S/\sqrt{n}}$ 2. $\dfrac{\overline{X} - \mu_0}{\sigma/\sqrt{n}}$ 3. 0.05   4. 增加样本容量

三、计算题

1. 解：已知 $n = 25$，$\overline{X} = 66$，$S = 20$，$\alpha = 0.05$，设 $H_0 : \mu = \mu_0 = 71$，$H_1 : \mu \neq \mu_0$

所以采用检验统计量为 $T = \dfrac{\overline{X} - \mu_0}{S/\sqrt{n}} \sim t(n-1)$

因为 $\left| \dfrac{\overline{X} - \mu_0}{S/\sqrt{n}} \right| = \left| \dfrac{66 - 71}{20/\sqrt{25}} \right| = 1.25 < t_{0.025}(24) = 2.0639$

所以接受 H_0，即认为这次考试全体考生的平均成绩为 71 分.

2. 解：已知 $n = 9$，$\overline{X} = 499$，$S = 16.03$，$\alpha = 0.05$，设 $H_0 : \mu = \mu_0 = 500$，$H_1 : \mu \neq \mu_0$

所以采用检验统计量为 $T = \dfrac{\overline{X} - \mu_0}{S/\sqrt{n}} \sim t(n-1)$

因为 $\left| \dfrac{\overline{X} - \mu_0}{S/\sqrt{n}} \right| = \left| \dfrac{499 - 500}{16.03/\sqrt{9}} \right| = \dfrac{3}{16.03} < t_{0.025}(8) = 2.306$

所以接受 H_0，即认为自动包装机工作正常.

3. 解：已知 $n = 36$，$\overline{X} = 72$，$S = 9.3$，$\alpha = 0.1$，设 $H_0 : \mu = \mu_0 = 70$，$H_1 : \mu \neq \mu_0$

所以采用检验统计量为 $T = \dfrac{\overline{X} - \mu_0}{S/\sqrt{n}} \sim t(n-1)$

因为 $\left| \dfrac{\overline{X} - \mu_0}{S/\sqrt{n}} \right| = \left| \dfrac{72 - 70}{9.3/\sqrt{36}} \right| = 1.29 < t_{0.05}(35) = 1.6896$

所以接受 H_0，即认为这次考试全体考生的平均成绩为 70 分.

4. 解：已知 $n = 400$，$\overline{X} = 30$，$\sigma = 5$，$\alpha = 0.01$，设 $H_0 : \mu = \mu_0 = 35$ $H_1 : \mu \neq \mu_0$

所以采用检验统计量为 $U = \dfrac{\overline{X} - \mu_0}{\sigma/\sqrt{n}} \sim N(0, 1)$

因为 $\left| \dfrac{\overline{X} - \mu_0}{\sigma/\sqrt{n}} \right| = \left| \dfrac{30 - 35}{5/\sqrt{400}} \right| = 20 > u_{0.005} = 2.58$

所以拒绝 H_0，即认为业主的平均年龄不是 35 岁.

5. 解：已知 $n = 400$，$\overline{X} = 25$，$S^2 = 16$，$\alpha = 0.05$，设 $H_0 : \mu = \mu_0 = 21$，$H_1 : \mu \neq \mu_0$

所以采用检验统计量为 $T = \dfrac{\overline{X} - \mu_0}{S/\sqrt{n}} \sim t(n-1)$

因为 $\left| \dfrac{\overline{X} - \mu_0}{S/\sqrt{n}} \right| = \left| \dfrac{25 - 21}{4/\sqrt{400}} \right| = 20 > u_{0.025} = 1.96$

所以拒绝 H_0，即认为广告公司的广告策划不符合实际.

6. 解：已知 $n = 25$，$\overline{X} = 57.7$，$\sigma^2 = 36$，$\alpha = 0.05$，设 $H_0 : \mu = \mu_0 = 53.6$，$H_1 : \mu \neq \mu_0$

所以采用检验统计量为 $U = \dfrac{\overline{X} - \mu_0}{\sigma / \sqrt{n}} \sim N(0, 1)$

因为 $\left| \dfrac{\overline{X} - \mu_0}{\sigma / \sqrt{n}} \right| = \left| \dfrac{57.7 - 53.6}{6 / \sqrt{25}} \right| = 3.42 > u_{0.025} = 1.96$

所以拒绝 H_0. 认为今年的日平均销售额与去年有显著性变化.

7. 解：已知 $n = 10$，$S^2 = 8.0$，$\alpha = 0.05$，设 $H_0 : \sigma^2 = \sigma_0^2 = 4$，$H_1 : \sigma^2 \neq \sigma_0^2$

所以采用检验统计量为 $\chi^2 = \dfrac{(n-1)S^2}{\sigma_0^2} \sim \chi^2(n-1)$

因为 $2.7 = \chi_{0.975}^2(9) < \dfrac{(n-1)S^2}{\sigma_0^2} = \dfrac{9 \times 8}{4} = 18 < \chi_{0.025}^2(9) = 19$

所以接受 H_0. 认为这批电视机的使用寿命的方差仍为 4.

8. 解：已知 $n = 10$，$S^2 = 0.0375$，$\alpha = 0.05$，设 $H_0 : \sigma^2 = \sigma_0^2 = 0.03$，$H_1 : \sigma^2 \neq \sigma_0^2$

所以采用检验统计量为 $\chi^2 = \dfrac{(n-1)S^2}{\sigma_0^2} \sim \chi^2(n-1)$

因为 $2.7 = \chi_{0.975}^2(9) < \dfrac{(n-1)S^2}{\sigma_0^2} = \dfrac{9 \times 0.0375}{0.03} = 11.25 < \chi_{0.025}^2(9) = 19.02$

所以接受 H_0. 认为这段时间生产的铁水含碳量方差与正常情况下方差无显著性差异.

9. 解：已知 $n = 9$，$\overline{X} = 68$，$S = 4.853$，$\alpha = 0.05$，设 $H_0 : \mu = \mu_0 = 72$，$H_1 : \mu \neq \mu_0$

所以采用检验统计量为 $T = \dfrac{\overline{X} - \mu_0}{S / \sqrt{n}} \sim t(n-1)$

因为 $\left| \dfrac{\overline{X} - \mu_0}{S / \sqrt{n}} \right| = \left| \dfrac{68 - 72}{4.853 / \sqrt{9}} \right| = 2.47 > t_{0.025}(8) = 2.306$

所以拒绝 H_0. 认为患者的脉搏与正常人有显著性差异.

10. 解：已知 $n = 16$，$\overline{X} = 240$，$S = 100$，$\alpha = 0.05$，设 $H_0 : \mu = \mu_0 = 225$，$H_1 : \mu \neq \mu_0$

所以采用检验统计量为 $T = \dfrac{\overline{X} - \mu_0}{S / \sqrt{n}} \sim t(n-1)$

因为 $\left| \dfrac{\overline{X} - \mu_0}{S / \sqrt{n}} \right| = \left| \dfrac{240 - 225}{100 / \sqrt{16}} \right| = 0.6 < t_{0.025}(15) = 2.1314$

所以接受 H_0. 认为元件的平均寿命为 225.

11. 解: $H_0: \mu = \mu_0 = -0.545$, $H_1: \mu \neq \mu_0$

若 H_0 成立, 统计量 $U = \dfrac{\overline{X} - \mu}{\sigma/\sqrt{n}} \sim N(0, 1)$

$$|U| = \left| \frac{\overline{x} - \mu_0}{\sigma/\sqrt{n}} \right| = \left| \frac{-0.535 + 0.545}{0.08/\sqrt{25}} \right| = 0.625 < u_{0.025} = 1.96$$

故接受 H_0, 认为牛奶中没有掺水.

附录 2007—2021 年硕士研究生入学考试真题

1. (2007 年)某人向同一目标独立重复射击,每次射击命中目标的概率为 $p(0<p<1)$,则此人第 4 次射击恰好第 2 次命中目标的概率为(   )

A. $3p(1-p)^2$ B. $6p(1-p)^2$ C. $3p^2(1-p)^2$ D. $6p^2(1-p)^2$

【答案】C

【解析】"第 4 次射击恰好第 2 次命中"表示 4 次射击中第 2 次击中目标,前 3 次有 1 次击中目标.

2. (2007 年)设随机变量 (X,Y) 服从二维正态分布,且 X 与 Y 不相关,$f_X(x)f_Y(y)$ 分别表示 X,Y 的概率密度,则在 $Y=y$ 的条件下,X 的密度 $f_{X|Y}(x|y)$ 为(   )

A. $f_X(x)$ B. $f_Y(y)$ C. $f_X(x)f_Y(y)$ D. $\dfrac{f_X(x)}{f_Y(y)}$

【答案】A

【解析】因 (X,Y) 服从二维正态分布,且 X 与 Y 不相关,故 X 与 Y 相互独立,于是 $f_{X|Y}(x|y)=f_X(x)$. 故选 A.

【评注】对于二维连续型随机变量 (X,Y),有

X 与 Y 相互独立 $\Leftrightarrow f(x,y)=f_X(x)f_Y(y)\Leftrightarrow f_{X|Y}(x|y)=f_X(x)\Leftrightarrow f_{Y|X}(y|x)=f_Y(y)$.

3. (2007 年)设二维随机变量 (X,Y) 的概率密度为

$$f(x,y)=\begin{cases}2-x-y, & 0<x<1,\ 0<y<1,\\ 0, & 其他.\end{cases}$$

(1)求 $P\{X>2Y\}$;

(2)求 $Z=X+Y$ 的概率密度 $f_Z(z)$.

【解析】(1) $P\{X>2Y\}=\displaystyle\int_0^1 \mathrm{d}x\int_0^{\frac{x}{2}}(2-x-y)\mathrm{d}y=\dfrac{7}{24}$.

(2) $F_Z(z)=P\{Z\leqslant z\}=P\{X+Y\leqslant z\}$

$$=\begin{cases}0, & z<0\\ \displaystyle\int_0^z \mathrm{d}x\int_0^{z-x}(2-x-y)\mathrm{d}y, & 0\leqslant z<1\\ \displaystyle\int_0^{z-1}\mathrm{d}x\int_0^1(2-x-y)\mathrm{d}y+\int_{z-1}^1\mathrm{d}x\int_0^{2-x}(2-x-y)\mathrm{d}y, & 1\leqslant z<2\\ 1, & z\geqslant 2\end{cases}.$$

4. （2007年）在区间$(0, 1)$中随机地取两个数, 则两数之差的绝对值小于$\dfrac{1}{2}$的概率为_____.

【答案】$\dfrac{3}{4}$

【解析】本题为几何概型. 设x, y为所取的两个数, 则样本空间

$$S = \{(x, y) \mid 0 < x, y < 1\}, \text{ 记 } A = \{(x, y) \mid (x, y) \in S, |x - y| < \dfrac{1}{2}\}.$$

故 $P(A) = \dfrac{S_A}{S_S} = \dfrac{\dfrac{3}{4}}{1} = \dfrac{3}{4}$, 其中$S_A$与$S_S$分别表示$A$与$S$的面积.

5. （2008年）随机变量X, Y独立同分布, 且X分布函数为$F(X)$, 则$Z = \max\{X, Y\}$分布函数为（　　）

A. $F^2(x)$　　　　　　　　　　B. $F(x)F(y)$

C. $1 - [1 - F(x)]^2$　　　　　　D. $[1 - F(x)][1 - F(y)]$

【答案】A

【解析】$F(Z) = P(Z \leq z) = P\{\max\{X, Y\} \leq z\} = P(X \leq z)P(Y \leq z) = F(z)F(z) = F^2(z)$.

6. （2008年）随机变量$X \sim N(0, 1)$, $Y \sim N(1, 4)$, 且相关系数$\rho_{XY} = 1$, 则（　　）

A. $P\{Y = -2X - 1\} = 1$　　　　B. $P\{Y = 2X - 1\} = 1$

C. $P\{Y = -2X + 1\} = 1$　　　　D. $P\{Y = 2X + 1\} = 1$

【答案】D

【解析】用排除法. 设$Y = aX + b$, 由$\rho_{XY} = 1$知X, Y正相关, 得$a > 0$, 排除A、C. 由$X \sim N(0, 1)$, $Y \sim N(1, 4)$得$EX = 0$, $EY = 1$, $E(Y) = E(aX + b) = aEX + b$, $1 = a \times 0 + b$, $b = 1$, 排除B. 故选D.

7. （2008年）设随机变量X服从参数为1的泊松分布, 则$P\{X = EX^2\} = $_____.

【答案】$\dfrac{1}{2}\mathrm{e}^{-1}$.

【解析】因为$DX = EX^2 - (EX)^2$, 所以$EX^2 = 2$, X服从参数为1的泊松分布, 所以$P\{X = 2\} = \dfrac{1}{2}\mathrm{e}^{-1}$.

8. （2008年）设随机变量X与Y相互独立, X的概率分布为$P\{X = i\} = \dfrac{1}{3}(i = -1, 0, 1)$,

Y的概率密度$f_Y(y) = \begin{cases} 1, & 0 \leq y \leq 1 \\ 0, & \text{其他} \end{cases}$, 记$Z = X + Y$.

(1)求$P\left(Z \leq \dfrac{1}{2} \,\middle|\, X = 0\right)$; (2)求Z的概率密度$f_Z(z)$.

解 (1) $P\left\{Z\leqslant\dfrac{1}{2}\,\bigg|\,X=0\right\}=\dfrac{P\left\{X=0,\ Z\leqslant\dfrac{1}{2}\right\}}{P\{X=0\}}=\dfrac{P\left\{X=0,\ Y\leqslant\dfrac{1}{2}\right\}}{P\{X=0\}}=P\left\{Y\leqslant\dfrac{1}{2}\right\}=\dfrac{1}{2}$

(2) $F_Z(z)=P\{Z\leqslant z\}=P\{X+Y\leqslant z\}$

$\qquad\qquad =P\{X+Y\leqslant z,\ Y=-1\}+P\{X+Y\leqslant z,\ X=0\}+P\{X+Y\leqslant z,\ X=1\}$

$\qquad\qquad =P\{Y\leqslant z+1,\ X=-1\}+P\{Y\leqslant z,\ X=0\}+P\{Y\leqslant z-1,\ X=1\}$

$\qquad\qquad =P\{Y\leqslant z+1\}P\{X=-1\}+P\{Y\leqslant z\}P\{X=0\}+P\{Y\leqslant z-1\}P\{X=1\}$

$\qquad\qquad =\dfrac{1}{3}\big[P\{Y\leqslant z+1\}+P\{Y\leqslant z\}+P\{Y\leqslant z-1\}\big]$

$\qquad\qquad =\dfrac{1}{3}\big[F_Y(z+1)+F_Y(z)+F_Y(z-1)\big]$

$$f_z(z)=F_z'(z)=\dfrac{1}{3}\big[f_Y(z+1)+f_Y(z)+f_Y(z-1)\big]=\begin{cases}\dfrac{1}{3}, & -1\leqslant z<2\\[2mm] 0, & \text{其他}\end{cases}.$$

9. (2008 年) 设 $X_1,\ X_2,\ \cdots,\ X_n$ 是总体为 $N(\mu,\ \sigma^2)$ 的简单随机样本.

记 $\overline{X}=\dfrac{1}{n}\sum\limits_{i=1}^{n}X_i,\ S^2=\dfrac{1}{n-1}\sum\limits_{i=1}^{n}(X_i-\overline{X})^2,\ T=\overline{X}^2-\dfrac{1}{n}S^2.$

(1) 证明 T 是 μ^2 的无偏估计量;(2) 当 $\mu=0,\ \sigma=1$ 时,求 DT.

解 (1) $E(T)=E\left(\overline{X}^2-\dfrac{1}{n}S^2\right)=E\,\overline{X}^2-E\left(\dfrac{1}{n}S^2\right)=E\,\overline{X}^2-\dfrac{1}{n}\sigma^2$

因为 $X\sim N(\mu,\ \sigma^2)$, $\overline{X}\sim N\left(\mu,\ \dfrac{\sigma^2}{n}\right)$, 而 $E\,\overline{X}^2=D\,\overline{X}+(E\,\overline{X})^2=\dfrac{1}{n}\sigma^2+\mu^2$

所以 $E(T)=\dfrac{1}{n}\sigma^2+\mu^2-\dfrac{1}{n}\sigma^2=\mu^2$,所以 T 是 μ^2 的无偏估计量.

(2) 当 $\mu=0,\ \sigma=1$ 时,有

$DT=D\left(\overline{X}^2-\dfrac{1}{n}S^2\right)$ (注意 $\overline{X}$ 与 S^2 独立)

$\quad =D\,\overline{X}^2+\dfrac{1}{n^2}DS^2$

$\quad =\dfrac{1}{n^2}D(\sqrt{n}\,\overline{X})^2+\dfrac{1}{n^2}\cdot\dfrac{1}{(n-1)^2}D\big[(n-1)S^2\big]$

$\quad =\dfrac{1}{n^2}\cdot 2+\dfrac{1}{n^2}\cdot\dfrac{1}{(n-1)^2}\cdot 2(n-1)$

$\quad =\dfrac{2}{n^2}\left(1+\dfrac{1}{n-1}\right)=\dfrac{2}{n(n-1)}$

11. (2009 年) 设事件 A 与事件 B 互不相容,则(　　　)

A. $P(\overline{AB}) = 0$ B. $P(AB) = P(A)P(B)$

C. $P(A) = 1 - P(B)$ D. $P(\overline{A} \cup \overline{B}) = 1$

【答案】D

【解析】因为 A, B 互不相容, 所以 $P(AB) = 0$. $P(\overline{AB}) = P(\overline{A} \cup \overline{B}) = 1 - P(A \cup B)$, 因为 $P(A \cup B)$ 不一定等于 1, 所以 A 不正确; 当 $P(A)$, $P(B)$ 不为 0 时, B 不成立, 故排除; 只有当 A, B 互为对立事件的时才成立, C 不成立, 故排除; $P(\overline{A} \cup \overline{B}) = P(\overline{AB}) = 1 - P(AB) = 1$, D 正确.

12. (2009 年) 设随机变量 X 与 Y 相互独立, 且 X 服从标准正态分布 $N(0, 1)$, Y 的概率分布为 $P\{Y = 0\} = P\{Y = 1\} = \dfrac{1}{2}$, 记 $F_Z(z)$ 为随机变量 $Z = XY$ 的分布函数, 则函数 $F_Z(z)$ 的间断点个数为( )

A. 0   B. 1   C. 2   D. 3

【答案】B

【解析】$F_Z(z) = P(XY \leq z) = P(XY \leq z | Y = 0)P(Y = 0) + P(XY \leq z | Y = 1)P(Y = 1)$

$$= \frac{1}{2}[P(XY \leq z | Y = 0) + P(XY \leq z | Y = 1)]$$

$$= \frac{1}{2}[P(X \cdot 0 \leq z | Y = 0) + P(X \leq z | Y = 1)]$$

因为 X, Y 独立

所以 $F_Z(z) = \dfrac{1}{2}[P(X \cdot 0 \leq z) + P(X \leq z)]$

(1) 若 $z < 0$, 则 $F_Z(z) = \dfrac{1}{2}\Phi(z)$;

(2) 若 $z \geq 0$, 则 $F_Z(z) = \dfrac{1}{2}[1 + \Phi(z)]$.

所以 $z = 0$ 为间断点, 故选 B.

13. (2009 年) 设 X_1, X_2, $\cdots$, X_n 是来自二项分布总体 $B(n, p)$ 的简单随机样本, $\overline{X}$ 和 S^2 分别为样本均值和样本方差, 记统计量 $T = \overline{X} - S^2$, 则 $ET = $ _____.

【答案】np^2

【解析】$ET = E(\overline{X} - S^2) = E\overline{X} - ES^2 = np - np(1 - p) = np^2$

14. (2009 年) 设二维随机变量 (X, Y) 的概率密度为

$$f(x, y) = \begin{cases} \mathrm{e}^{-x}, & 0 < y < x \\ 0, & \text{其他} \end{cases}.$$

(1) 求条件概率密度 $f_{Y|X}(y|x)$;

（2）求条件概率 $P\{X \leqslant 1 | Y \leqslant 1\}$.

【解析】（1）由 $f(x, y) = \begin{cases} \mathrm{e}^{-x}, & 0 < y < x \\ 0, & \text{其他} \end{cases}$ 得其边缘密度函数

$$f_x(x) = \int_0^x \mathrm{e}^{-x}\mathrm{d}y = x\mathrm{e}^{-x}, \ x > 0$$

故

$$f_{y|x} = \frac{f(x, y)}{f_x(x)} = \frac{1}{x}, \ 0 < y < x$$

即

$$f_{y|x} = \begin{cases} \dfrac{1}{x}, & 0 < y < x \\ 0, & \text{其他} \end{cases}.$$

（2）$P\{X \leqslant 1 | Y \leqslant 1\} = \dfrac{P\{X \leqslant 1, Y \leqslant 1\}}{P\{Y \leqslant 1\}}$,

而

$$P\{X \leqslant 1, Y \leqslant 1\} = \iint\limits_{\substack{x \leqslant 1 \\ y \leqslant 1}} f(x, y)\mathrm{d}x\mathrm{d}y = \int_0^1 \mathrm{d}x \int_0^x \mathrm{e}^{-x}\mathrm{d}y = \int_0^1 x\mathrm{e}^{-x}\mathrm{d}x = 1 - 2\mathrm{e}^{-1}$$

$$f_Y(y) = \int_y^{+\infty} \mathrm{e}^{-x}\mathrm{d}x = -\mathrm{e}^{-x}\Big|_0^1 = \mathrm{e}^{-y}, \ y > 0$$

所以

$$P\{Y \leqslant 1\} = \int_0^1 \mathrm{e}^{-y}\mathrm{d}y = -\mathrm{e}^{-y}\Big|_0^1 = -\mathrm{e}^{-1} + 1 = 1 - \mathrm{e}^{-1}$$

所以

$$P\{X \leqslant 1 | Y \leqslant 1\} = \frac{1 - 2\mathrm{e}^{-1}}{1 - \mathrm{e}^{-1}} = \frac{e - 2}{e - 1}.$$

15. （2009 年）袋中有 1 个红色球、2 个黑色球与 3 个白球，大小、质地相同. 现有放回地从袋中取两次，每次取一球，以 X、Y、Z 分别表示两次取球所取得的红球、黑球、白球的个数.

（1）求 $P\{X = 1 | Z = 0\}$;

（2）求二维随机变量 (X, Y) 的概率分布.

【解析】（1）在没有取白球的情况下取了一次红球，利用压缩样本空间则相当于只有 1 个红球；2 个黑球放回摸两次，其中摸了 1 个红球。

所以

$$P(X = 1 | Z = 0) = \frac{C_2^1 \times 2}{C_3^1 \cdot C_3^1} = \frac{4}{9}.$$

（2）X, Y 取值范围为 0, 1, 2, 故

$$P(X = 0, Y = 0) = \frac{C_3^1 \cdot C_3^1}{C_6^1 \cdot C_6^1} = \frac{1}{4}, \ P(X = 1, Y = 0) = \frac{C_2^1 \cdot C_3^1}{C_6^1 \cdot C_6^1} = \frac{1}{6},$$

$$P(X = 2, Y = 0) = \frac{1}{C_6^1 \cdot C_6^1} = \frac{1}{36}, \ P(X = 0, Y = 1) = \frac{C_2^1 \cdot C_2^1 \cdot C_3^1}{C_6^1 \cdot C_6^1} = \frac{1}{3},$$

$$P(X = 1, Y = 1) = \frac{C_2^1 \cdot C_2^1}{C_6^1 \cdot C_6^1} = \frac{1}{9}, \ P(X = 2, Y = 1) = 0,$$

$$P(X=0, Y=2) = \frac{C_2^1 \cdot C_2^1}{C_6^1 \cdot C_6^1} = \frac{1}{9},$$

$$P(X=1, Y=2) = 0, \quad P(X=2, Y=2) = 0.$$

Y \ X	0	1	2
0	$\frac{1}{4}$	$\frac{1}{6}$	$\frac{1}{36}$
1	$\frac{1}{3}$	$\frac{1}{9}$	0
2	$\frac{1}{9}$	0	0

16. (2010 年)设随机变量的分布函数 $F(x) = \begin{cases} 0, & x < 0 \\ \dfrac{1}{2}, & 0 \leqslant x < 1 \\ 1 - e^{-x}, & x \geqslant 1 \end{cases}$,则 $P\{X=1\} =$

( ).

A. 0   B. $\dfrac{1}{2}$ C. $\dfrac{1}{2} - e^{-1}$ D. $1 - e^{-1}$

【答案】A

【解析】$P\{X=1\} = F(1+0) - F(1) = 0.$

17. (2010 年)设 $f_1(x)$ 为标准正态分布的概率密度,$f_2(x)$ 为 $[-1, 3]$ 上均匀分布的概率密度,若 $f(x) = \begin{cases} af_1(x), & x \leqslant 0 \\ bf_2(x), & x > 0 \end{cases}$ $(a > 0, b > 0)$ 为概率密度,则 a, b 应满足( ).

A. $2a + 3b = 4$ B. $3a + 2b = 4$ C. $a + b = 1$ D. $a + b = 2$

【答案】A

【解析】$\displaystyle\int_{-\infty}^0 af_1(x)\,dx + \int_0^3 bf_2(x)\,dx = \frac{a}{2} + \frac{3}{4}b = 1$,即 $2a + 3b = 4.$

18. (2010 年)设 $x_1, x_2, \cdots, x_n$ 为来自整体 $N(\mu, \sigma^2)$ $(\sigma > 0)$ 的简单随机样本,统计量 $T = \dfrac{1}{n}\displaystyle\sum_{i=1}^n X_i^2$,则 $ET = $ _____.

【答案】$\sigma^2 + \mu^2$

【解析】$E(T) = \dfrac{1}{n}\displaystyle\sum_{i=1}^n E(X_i^2) = \dfrac{1}{n}\sum_{i=1}^n (D(X_i) + E^2(X_i)) = \sigma^2 + \mu^2.$

19. (2010 年)设二维随机变量 (X, Y) 的概率密度为 $f(x, y) = Ae^{-2x^2 - 2xy - y^2}$,$-\infty < x < +\infty$,$-\infty < y < +\infty$,求常数 A 及条件概率密度 $f_{Y|X}(y|x)$.

解 $f(x, y) = Ae^{-2x^2 + 2xy - y^2} = Ae^{-(y-x)^2} e^{-x^2}$

$$= A\pi \left[\frac{1}{\sqrt{2\pi}\,\frac{1}{\sqrt{2}}} e^{\frac{(y-x)^2}{2 \times \left(\frac{1}{\sqrt{2}}\right)^2}} \right] \left[\frac{1}{\sqrt{2\pi}\,\frac{1}{\sqrt{2}}} e^{\frac{x^2}{2 \times \left(\frac{1}{\sqrt{2}}\right)^2}} \right]$$

利用概率密度的性质得到

$$1 = \int_{-\infty}^{+\infty}\int_{-\infty}^{+\infty} f(x, y)\,\mathrm{d}x\mathrm{d}y = A\pi \int_{-\infty}^{+\infty} \frac{1}{\sqrt{2\pi}\,\frac{1}{\sqrt{2}}} e^{\frac{x^2}{2 \times \left(\frac{1}{\sqrt{2}}\right)^2}} \mathrm{d}x \int_{-\infty}^{+\infty} \frac{1}{\sqrt{2\pi}\,\frac{1}{\sqrt{2}}} e^{\frac{(y-x)^2}{2 \times \left(\frac{1}{\sqrt{2}}\right)^2}} \mathrm{d}y = A\pi$$

即

$$f(x, y) = \left[\frac{1}{\sqrt{2\pi}\,\frac{1}{\sqrt{2}}} e^{\frac{(y-x)^2}{2 \times \left(\frac{1}{\sqrt{2}}\right)^2}} \right] \left[\frac{1}{\sqrt{2\pi}\,\frac{1}{\sqrt{2}}} e^{\frac{x^2}{2 \times \left(\frac{1}{\sqrt{2}}\right)^2}} \right]$$

X 的边缘概率密度为

$$f_X(x) = \int_{-\infty}^{+\infty} f(x, y)\,\mathrm{d}y = \frac{1}{\sqrt{\pi}} e^{-x^2} \int_{-\infty}^{+\infty} \frac{1}{\sqrt{2\pi}\,\frac{1}{\sqrt{2}}} e^{\frac{(y-x)^2}{2 \times \left(\frac{1}{\sqrt{2}}\right)^2}} \mathrm{d}y = \frac{1}{\sqrt{\pi}} e^{-x^2}$$

条件概率密度为

$$f_{Y|X}(y|x) = \frac{f(x, y)}{f_X(x)} = \frac{\frac{1}{\pi} e^{-2x^2 + 2xy - y^2}}{\frac{1}{\sqrt{\pi}} e^{-x^2}} = \frac{1}{\sqrt{\pi}} e^{-(x-y)^2}, \quad -\infty < x < +\infty, \quad -\infty < y < +\infty.$$

19. (2010 年) 设二维随机变量 (X, Y) 的概率密度为 $f(x, y) = Ae^{-2x^2 + 2xy - y^2}$, $-\infty < x < +\infty$, $-\infty < y < +\infty$, 求常数 A 及条件概率密度 $f_{Y|X}(y|x)$.

解: $1 = \int_{-\infty}^{+\infty}\int_{-\infty}^{+\infty} f(x, y)\,\mathrm{d}x\mathrm{d}y = A\int_{-\infty}^{+\infty} e^{-x^2}\int_{-\infty}^{+\infty} e^{-(x-y)^2}\,\mathrm{d}y \xlongequal[y = x - t]{\diamondsuit\, x - y = t} A\int_{-\infty}^{+\infty} e^{-x^2}\int_{-\infty}^{+\infty} e^{-t^2}\,\mathrm{d}t$

$= A\pi \int_{-\infty}^{+\infty} \frac{1}{\sqrt{\pi}} e^{-x^2}\int_{-\infty}^{+\infty} \frac{1}{\sqrt{\pi}} e^{-t^2}\,\mathrm{d}t = A\pi$, 所以 $A = \frac{1}{\pi}$.

X 的边缘密度为 $f_X(x) = \int_{-\infty}^{+\infty} f(x, y)\,\mathrm{d}y = \frac{1}{\sqrt{\pi}} e^{-x^2}\int_{-\infty}^{+\infty} \frac{1}{\sqrt{\pi}} e^{-t^2}\,\mathrm{d}t = \frac{1}{\sqrt{\pi}} e^{-x^2}$, $x \in R$

$$f_{Y|X}(y \mid x) = \frac{f(x, y)}{f_X(x)} = \frac{1}{\sqrt{\pi}} e^{-x^2 + 2xy - y^2}, \quad x \in R,\ y \in R$$

20. (2011 年) 设 $F_1(x)$, $F_2(x)$ 为两个分布函数, 其相应的概率密度 $f_1(x)$, $f_2(x)$ 是连续函数, 则必为概率密度的是(　　).

A. $f_1(x)f_2(x)$ 　　　　　　　　　　　B. $2f_2(x)F_2(x)$

C. $f_1(x)F_2(x)$　　　　　　　　　　　　　D. $f_1(x)F_2(x)+f_2(x)F_1(x)$

【答案】D

【解析】由概率密度的性质知，概率密度必须满足 $\int_{-\infty}^{+\infty} f(x)\,\mathrm{d}x = 1$，故由题知

$$\int_{-\infty}^{+\infty}[f_1(x)F_2(x)+f_2(x)F_1(x)]\,\mathrm{d}x = \int_{-\infty}^{+\infty}\mathrm{d}F_1(x)F_2(x) - F_1(x)F_2(x)\Big|_{-\infty}^{+\infty} = 1.$$

故选 D.

21. （2011 年）设总体 X 服从参数为 $\lambda(\lambda>0)$ 的泊松分布，X_1，X_2，$\cdots$，$X_n(n\geqslant 2)$ 为来自正态总体的简单随机样本，则对应的统计量 $T_1 = \dfrac{1}{n}\sum\limits_{i=1}^{n}X_i$，$T_2 = \dfrac{1}{n-1}\sum\limits_{i=1}^{n-1}X_i + \dfrac{1}{n}X_n$ 满足（　　）.

A. $ET_1>ET_2$，$DT_1>DT_2$　　　　　　　B. $ET_1>ET_2$，$DT_1<DT_2$
C. $ET_1<ET_2$，$DT_1>DT_2$　　　　　　　D. $ET_1<ET_2$，$DT_1<DT_2$

【答案】D

【解析】由题知 $EX_i = \lambda$，$DX = \lambda(i=1,2,\cdots,n)$，故有

$$ET_1 = \frac{1}{n}\sum_{i=1}^{n}EX_i = \lambda, \quad ET_2 = \frac{1}{n-1}\sum_{i=1}^{n-1}EX_i + \frac{1}{n}EX_n = \lambda + \frac{1}{n}\lambda,$$

$$DT_1 = \frac{1}{n^2}\sum_{i=1}^{n}DX_i = \frac{1}{n}\lambda, \quad DT_2 = \frac{1}{(n-1)^2}\sum_{i=1}^{n-1}DX_i + \frac{1}{n^2}DX_n = \frac{1}{n-1}\lambda + \frac{1}{n^2}\lambda,$$

由于 $\dfrac{1}{n}<\dfrac{1}{n-1}$，故有 $ET_1<ET_2$，$DT_1<DT_2$，所以选择 D.

22. （2011 年）设二维随机变量 (X,Y) 服从 $N(\mu,\mu,\sigma^2,\sigma^2,0)$，则 $E(XY^2) = $ _____.

【答案】$\mu(\mu^2+\sigma^2)$

【解析】由题知 X 与 Y 的相关系数 $\rho_{XY}=0$，即 X 与 Y 不相关. 在二维正态分布条件下，X 与 Y 不相关等价于 X 与 Y 独立，所以 X 与 Y 独立，则有

$$EX = EY = \mu, \quad DX = DY = \sigma^2$$
$$EY^2 = DY^2 + (EY)^2 = \mu^2 + \sigma^2$$
$$E(XY^2) = EXEY^2 = \mu(\mu^2+\sigma^2)$$

23. （2011 年）设随机变量 X 与 Y 的概率分布分别为

X	0	1
P	$\dfrac{1}{3}$	$\dfrac{2}{3}$

Y	-1	0	1
P	$\dfrac{1}{3}$	$\dfrac{1}{3}$	$\dfrac{1}{3}$

且 $P(X^2=Y^2)=1$.

（1）求二维随机变量 (X,Y) 的概率分布；

（2）求 $Z=XY$ 的概率分布；

(3)求 X 与 Y 的相关系数 ρ_{XY}.

【解析】(1)由于 $P(X^2 = Y^2) = 1$，即

$$P(X = 0, Y = 0) + P(X = 1, Y = -1) + P(X = 1, Y = 1) = 1$$

则有

$$P(X = 1, Y = 0) = P(X = 0, Y = -1) - P(X = 0, Y = 1) = 0$$

$$P(X = 0, Y = 0) = P(Y = 0) - P(X = 1, Y = 0) = \frac{1}{3}$$

$$P(X = 1, Y = -1) = P(Y = -1) - P(X = 0, Y = -1) = \frac{1}{3}$$

$$P(X = 1, Y = 1) = P(Y = 1) - P(X = 0, Y = 1) = \frac{1}{3}$$

所以 (X, Y) 的概率分布为

X \ Y	-1	0	1
0	0	$\frac{1}{3}$	0
1	$\frac{1}{3}$	0	$\frac{1}{3}$

(2)易知随机变量 Z 取值为 $-1, 0, 1$，则有

$$P(Z = 1) = P(X = 1, Y = 1) = \frac{1}{3}$$

$$P(Z = -1) = P(X = 1, Y = -1) = \frac{1}{3}$$

$$P(Z = 0) = 1 - P(Z = 1) - P(Z = -1) = \frac{1}{3}$$

故 $Z = XY$ 的概率分布为

Z	-1	0	1
P	$\frac{1}{3}$	$\frac{1}{3}$	$\frac{1}{3}$

(3)由(1)和(2)知

$$E(XY) = EZ = (-1) \times \frac{1}{3} + 1 \times \frac{1}{3} = 0$$

$$EX = \frac{1}{3}$$

$$EY = (-1) \times \frac{1}{3} + 1 \times \frac{1}{3} = 0$$

故有 $\mathrm{cov}(X, Y) = E(XY) - EXEY = 0$，所以 $\rho_{XY} = 0$.

24. （2011 年）二维随机变量 (X, Y) 在 G 上服从均匀分布，G 由 $x - y = 0$，$x + y = 2$ 与 $y = 0$ 围成.

（1）求边缘密度 $f_X(x)$；

（2）求 $f_{X|Y}(x|y)$.

【解析】由题知二维随机变量 (X, Y) 的概率密度函数为

$$f(x, y) = \begin{cases} 1, & x, y \in G \\ 0, & x, y \notin G \end{cases}$$

（1）由边缘密度的定义知

当 $0 < x \le 1$ 时，有

$$f_X(x) = \int_{-\infty}^{+\infty} f(x, y) \, \mathrm{d}y = \int_0^x \mathrm{d}y = x$$

当 $1 < x < 2$ 时，有

$$f_X(x) = \int_0^{2-x} \mathrm{d}y = 2 - x$$

所以

$$f_X(x) = \begin{cases} x, & 0 < x \le 1 \\ 2 - x, & 1 < x < 2 \\ 0, & 其他 \end{cases}$$

（2）同（1）可得

当 $0 < y < 1$ 时，有

$$f_Y(y) = \int_{-\infty}^{+\infty} f(x, y) \, \mathrm{d}x = \begin{cases} \int_y^{2-y} \mathrm{d}x, & 0 < y < 1 \\ 0, & 其他 \end{cases}$$

$$= \begin{cases} 2(1 - y), & 0 < y < 1 \\ 0, & 其他 \end{cases}$$

所以

$$f_{X|Y}(x|y) = \frac{f(x, y)}{f_Y(y)} = \begin{cases} \dfrac{1}{2(1 - y)}, & 0 < y < x < 2 - y \\ 0, & 其他 \end{cases}.$$

25. （2012 年）设随机变量 X 与 Y 相互独立，且都服从区间 $(0, 1)$ 上的均匀分布，则 $P\{X^2 + Y^2 \le 1\} = ($　　$)$.

A. $\dfrac{1}{4}$　　　　　　B. $\dfrac{1}{2}$　　　　　　C. $\dfrac{\pi}{8}$　　　　　　D. $\dfrac{\pi}{4}$

【答案】D

【解析】X 与 Y 的概率密度函数分别为

$$f_X(x) = \begin{cases} 1, & 0 \leq x \leq 1 \\ 0, & \text{其他} \end{cases}, f_Y(y) = \begin{cases} 1, & 0 \leq y \leq 1 \\ 0, & \text{其他} \end{cases}.$$

又 X 与 Y 相互独立, 所以 X 与 Y 的联合密度函数为

$$f(x, y) = f_X(x)f_Y(y) = \begin{cases} 1, & 0 \leq x, y \leq 1 \\ 0, & \text{其他} \end{cases},$$

从而

$$P\{X^2 + Y^2 \leq 1\} = \iint_D f(x, y)\,\mathrm{d}x\mathrm{d}y = \iint_{x^2+y^2 \leq 1} 1\mathrm{d}x\mathrm{d}y = S_D = \frac{\pi}{4}.$$

26. (2012 年) 设 X_1, X_2, X_3, X_4 为来自总体 $N(1, \sigma^2)$ $(\sigma > 0)$ 的简单随机样本, 则统计量 $\dfrac{X - X_2}{|X_3 + X_4 - 2|}$ 的分布为( ).

A. $N(0, 1)$　　　　B. $t(1)$　　　　C. $x^2(1)$　　　　D. $f(1, 1)$

【答案】B

【解析】因为 $X_i \sim N(1, \sigma^2)$, 所以 $X_1 - X_2 \sim X(0, 2\sigma^2)$, $\dfrac{X_1 - X_2}{\sqrt{2}\sigma} \sim N(0, 1)$,

$X_3 + X_4 \sim N(2, 2\sigma^2)$, $\dfrac{X_3 + X_4 - 2}{\sqrt{2}\sigma} \sim N(0, 1)$, $\dfrac{(X_3 + X_4 - 2)^2}{2\sigma^2} \sim \mathcal{X}^2(1)$.

因为 X_1, X_2, X_3, X_4 相互独立, $\dfrac{X_1 - X_2}{\sqrt{2}\sigma}$ 与 $\dfrac{(X_3 + X_4 - 2)^2}{2\sigma^2}$ 也相互独立, 从而

$$\frac{\dfrac{X_1 - X_2}{\sqrt{2}\sigma}}{\sqrt{\dfrac{(X_3 + X_4 - 2)^2}{2\sigma^2}}} = \frac{X_1 - X_2}{|X_3 + X_4 - 2|} \sim t(1).$$

27. (2012 年) 设 A、B、C 是随机事件, A 与 C 互不相容, $P(AB) = \dfrac{1}{2}$, $P(C) = \dfrac{1}{3}$, 则

$P(AB|\overline{C}) = \underline{\hspace{3cm}}$.

【答案】$\dfrac{3}{4}$

【解析】由于 A 与 C 互不相容, 所以 $AC = \varnothing$, $ABC = \varnothing$, 从而 $P(ABC) = 0$,

$$P(AB|\overline{C}) = \frac{P(AB\overline{C})}{P(\overline{C})} = \frac{P(AB) - P(ABC)}{P(\overline{C})} = \frac{\dfrac{1}{2} - 0}{1 - \dfrac{1}{3}} = \frac{3}{4}.$$

28. (2012 年) 设二维离散型随机变量 X、Y 的概率分布为

X＼Y	0	1	2
0	$\frac{1}{4}$	0	$\frac{1}{4}$
1	0	$\frac{1}{3}$	0
2	$\frac{1}{12}$	0	$\frac{1}{12}$

（1）求 $P\{X = 2Y\}$；

（2）求 $\text{cov}(X - Y, Y)$.

【解析】

（1）$P\{X = 2Y\} = P\{X = 0, Y = 0\} + P\{X = 2, Y = 1\} = \dfrac{1}{4} + 0 = \dfrac{1}{4}$.

（2）X 的概率分布为

X	0	1	2
P	$\frac{1}{2}$	$\frac{1}{3}$	$\frac{1}{6}$

故 $E(X) = 0 \cdot \dfrac{1}{2} + 1 \cdot \dfrac{1}{3} + 2 \cdot \dfrac{1}{6} = \dfrac{2}{3}$.

XY 的概率分布为

XY	0	1	2	4
P	$\frac{7}{12}$	$\frac{1}{3}$	0	$\frac{1}{12}$

故 $E(XY) = 0 \cdot \dfrac{7}{12} + 1 \cdot \dfrac{1}{3} + 2 \cdot 0 + 4 \cdot \dfrac{1}{12} = \dfrac{2}{3}$.

Y 的概率分布为

Y	0	1	2
P	$\frac{1}{3}$	$\frac{1}{3}$	$\frac{1}{3}$

故 $E(Y) = 0 \cdot \dfrac{1}{3} + 1 \cdot \dfrac{1}{3} + 2 \cdot \dfrac{1}{3} = 1$. 从而

$$E(Y^2) = 0^2 \cdot \frac{1}{3} + 1^2 \cdot \frac{1}{3} + 2^2 \cdot \frac{1}{3} = \frac{5}{3}, \quad D(Y) = E(Y^2) - [E(Y)]^2 = \frac{5}{3} - 1 = \frac{2}{3}$$

故

$$\text{cov}(X - Y,\ Y) = \text{cov}(X,\ Y) - \text{cov}(Y,\ Y) = E(XY) - E(X)E(Y) - D(Y)$$

$$= \frac{2}{3} - \frac{2}{3} - \frac{2}{3} = -\frac{2}{3}.$$

29. （2012 年）设随机变量 X 与 Y 相互独立，且服从参数 1 的指数分布，记 $U = \max\{X,\ Y\}$，$V = \min\{X,\ Y\}$.

（1）求 V 的概率密度 $f_V(v)$；

（2）求 $E(U + V)$.

【解析】（1）设 V 的分布函数是 $F_V(v)$，则

$$F_V(v) = P\{V \leqslant v\} = P\{\min(X,\ Y) \leqslant v\}$$

$$= 1 - P\{\min(X,\ Y) > v\} = 1 - P\{X > v,\ Y > v\}$$

$$= 1 - P\{X > v\}P\{Y > v\}$$

当 $v < 0$ 时，$F_V(v) = 0$；

当 $v \geqslant 0$ 时，$F_V(v) = 1 - \int_V^{+\infty} e^{-x} dx \int_V^{+\infty} e^{-y} dy = 1 - e^{-2v}.$

V 的概率密度

$$f_V(v) = F_V'(v) = \begin{cases} ve^{-2v}, & v > 0 \\ 0, & \leqslant 0 \end{cases}.$$

（2）$U = \max(X,\ Y) = \dfrac{1}{2}\left[(X + Y) + |X - Y| \right]$，

$$V = \min(X,\ Y) = \frac{1}{2}\left[(X + Y) - |X - Y| \right]$$

则

$$U + V = X + Y$$

$$E(U + V) = E(X + Y) = E(X) + E(Y) = 1 + 1 = 2.$$

30. （2013 年）设 X_1，X_2，X_3 是随机变量，且 $X_1 \sim N(0,\ 1)$，$X_2 \sim N(0,\ 2^2)$，$X_3 \sim N(5,\ 3^2)$，$P_i = P\{-2 \leqslant X_i \leqslant 2\}\ (i = 1,\ 2,\ 3)$，则（　　　）.

A. $P_1 > P_2 > P_3$　　　B. $P_2 > P_1 > P_3$　　　C. $P_3 > P_1 > P_2$　　　D. $P_1 > P_3 > P_2$

【答案】A

31. （2013 年）设随机变量 X 和 Y 相互独立，且 X 和 Y 的概率分布分别为

X	0	1	2	3
P	$\dfrac{1}{2}$	$\dfrac{1}{4}$	$\dfrac{1}{8}$	$\dfrac{1}{8}$

Y	-1	0	1
P	$\dfrac{1}{3}$	$\dfrac{1}{3}$	$\dfrac{1}{3}$

则 $P\{X + Y = 2\} = ($　　　$)$

A. $\dfrac{1}{12}$　　　　　B. $\dfrac{1}{8}$　　　　　C. $\dfrac{1}{6}$　　　　　D. $\dfrac{1}{2}$

【答案】C

32. (2013 年)设随机变量 X 服从标准正态分布 $N(0, 1)$，则 $E(Xe^{2X}) = $ _____.

【答案】$2e^2$

33. (2013 年)设 (X, Y) 是二维随机变量，X 的边缘概率密度为 $f_X(x) = \begin{cases} 3x^2, & 0 < x < 1 \\ 0, & \text{其他} \end{cases}$，

在给定 $X = x(0 < x < 1)$ 的条件下，Y 的条件概率密度为 $f_{Y|X}(y|x) = \begin{cases} \dfrac{3y^2}{x^3}, & 0 < y < x \\ 0, & \text{其他} \end{cases}$.

(1) 求 (X, Y) 的概率密度 $f(x, y)$；

(2) 求 Y 的边缘概率密度为 $f_Y(y)$.

【解析】(1) $f(x, y) = f_X(x)f_{Y|X}(y|x) = \begin{cases} \dfrac{9y^2}{x}, & 0 < x < 1, 0 < y < x \\ 0, & \text{其他} \end{cases}$.

(2) $f_Y(y) = \displaystyle\int_{-\infty}^{+\infty} f(x, y) \, dx = \begin{cases} \displaystyle\int_y^1 \dfrac{9y^2}{x} \, dx, & 0 < y < 1 \\ 0, & \text{其他} \end{cases} = \begin{cases} -9y^2 \ln y, & 0 < y < 1 \\ 0, & \text{其他} \end{cases}$.

34. (2013 年)设总体 X 的概率密度为 $f(x; \theta) = \begin{cases} \dfrac{\theta^2}{x^3} e^{-\frac{\theta}{x}}, & x > 0 \\ 0, & \text{其他} \end{cases}$，其中 θ 为未知参数且

大于零. $X_1, X_2, \cdots, X_n$ 来自总体 X 的简单随机样本.

(1) 求 θ 的矩估计量；

(2) 求 θ 的极大似然估计量.

【解析】(1) $EX = \displaystyle\int_{-\infty}^{+\infty} xf(x; \theta) \, dx = \int_0^{+\infty} \dfrac{\theta^2}{x^2} e^{-\frac{\theta}{x}} \, dx = \theta e^{-\frac{\theta}{x}} \Big|_0^{+\infty} = \theta \left(\lim_{x \to +\infty} e^{-\frac{\theta}{x}} - \lim_{x \to 0} e^{-\frac{\theta}{x}} \right) = \theta$

令 $EX = \dfrac{1}{n}\displaystyle\sum_{i=1}^n X_i = \overline{X}$，得 θ 的矩估计量 $\hat{\theta} = \dfrac{1}{n}\displaystyle\sum_{i=1}^n X_i = \overline{X}$.

(2) 似然函数 $L(\theta) = \dfrac{\theta^{2n}}{\displaystyle\prod_{i=1}^n x_i^3} e^{-\theta \sum_{i=1}^n \frac{1}{x_i}}$

取对数得 $\ln L(\theta) = 2n\ln\theta - 3\displaystyle\sum_{i=1}^n \ln x_i - \theta\sum_{i=1}^n \dfrac{1}{x_i}$

令 $\dfrac{d}{d\theta}\ln L(\theta) = \dfrac{2n}{\theta} - \displaystyle\sum_{i=1}^n \dfrac{1}{x_i} = 0$，解得 θ 的极大似然估计量 $\hat{\theta} = \dfrac{2n}{\displaystyle\sum_{i=1}^n \dfrac{1}{X_i}}$.

35. (2014 年)设随机变量 X 的分布律为 $\begin{array}{c|cc} X & 1 & 2 \\ \hline P & \dfrac{1}{2} & \dfrac{1}{2} \end{array}$，在给定 $X = i$ 的条件下，随机变量

$Y \sim U(0, i)$ $(i = 1, 2)$. 求：(1)Y 的分布函数；(2)Y 的期望.

【答案】(1)提示：从分布函数定义入手.

$$F(y) = P(Y \leqslant y) = P(Y \leqslant y, X = 1) + P(Y \leqslant y, X = 2)$$
$$= P(X = 1)P(Y \leqslant y | X = 1) + P(X = 2)P(Y \leqslant y | X = 2)$$

$$= \begin{cases} 0, & y \leqslant 0 \\ \dfrac{3}{4}y, & 0 < y \leqslant 1 \\ \dfrac{1}{2} + \dfrac{y}{4}, & 1 < y \leqslant 2 \\ 1 & y > 2 \end{cases};$$

$(2)f(y) = \begin{cases} 0, & \text{其他} \\ \dfrac{3}{4}, & 0 < y < 1 \\ \dfrac{1}{4}, & 1 < y < 2 \end{cases}$, 所以 $E(Y) = \displaystyle\int_0^1 \dfrac{3}{4}y\,\mathrm{d}y + \int_1^2 \dfrac{1}{4}y\,\mathrm{d}y = \dfrac{3}{4}$.

36. (2014年)设总体 X 的概率密度为 $f(x, \theta) = \begin{cases} \dfrac{2x}{3\theta^2}, & \theta < x < 2\theta \\ 0, & \text{其他} \end{cases}$, 其中 θ 为未知参数,

$X_1, X_2, \cdots, X_n$ 是来自总体的简单样本, 若 $C \displaystyle\sum_{i=1}^n X_i^2$ 是 θ^2 的无偏估计, 则常数 $C = \underline{\qquad}$.

【答案】$\dfrac{2}{5n}$　提示：先求出 $E(X^2) = \dfrac{5}{2}\theta^2$,

再求出 $E\left(C \displaystyle\sum_{i=1}^n X_i^2\right) = C \displaystyle\sum_{i=1}^n E(X_i^2) = C \dfrac{5n}{2}\theta^2 = \theta^2$, 得 $C = \dfrac{2}{5n}$.

37. (2014年)设事件 A 与 B 相互独立, $P(B) = 0.5$, $P(A - B) = 0.3$, 则 $P(B - A) = (\quad)$.

A. 0.1　　　　　　　　　　　　B. 0.2

C. 0.3　　　　　　　　　　　　D. 0.4.

【答案】$P(A - B) = P(A\overline{B}) = P(A)P(\overline{B}) = 0.3$, 求出 $P(A)$, $P(B - A) = P(B)P(\overline{A}) = 0.2$. 故选 B.

38. (2014年)设连续型随机变量 X_1, X_2 相互独立, 且方差均存在, X_1, X_2 的概率密度

分别为 $f_1(x)$, $f_2(x)$, 随机变量 Y_1 的概率密度为 $f_{Y_1}(y) = \dfrac{1}{2}[f_1(y) + f_2(y)]$, 随机变量 $Y_2 = \dfrac{1}{2}(X_1 + X_2)$, 则($\quad$).

A. $E(Y_1) > E(Y_2)$，$D(Y_1) > D(Y_2)$

B. $E(Y_1) = E(Y_2)$，$D(Y_1) = D(Y_2)$

C. $E(Y_1) = E(Y_2)$，$D(Y_1) > D(Y_2)$

D. $E(Y_1) = E(Y_2)$，$D(Y_1) < D(Y_2)$

【答案】C 提示：根据期望方差的定义与性质.

39.（2014 年）设总体 X 的分布函数为 $F(x,\theta) = \begin{cases} 1 - e^{-\frac{x^2}{\theta}}, & x \geq 0 \\ 0, & x < 0 \end{cases}$，其中 $\theta > 0$ 为未知参数，X_1，X_2，$\cdots$，X_n 是总体的简单随机样本，(1)求 $E(X)$，$E(X^2)$；(2)求 θ 的极大似然估计；(3)是否存在常数 α，使得对于任意的 $\varepsilon > 0$，都有 $\lim_{n\to\infty} P(|\hat{\theta} - \alpha| \geq \varepsilon) = 0$？

【答案】(1)求出 X 的概率密度 $f(x,\theta) = \begin{cases} \dfrac{2x}{\theta} e^{-\frac{x^2}{\theta}}, & x > 0 \\ 0, & x \leq 0 \end{cases}$，

$E(X) = \dfrac{\sqrt{\pi\theta}}{2}$，$E(X^2) = \theta$.

(2)写出似然函数 $L(\theta) = \prod_{i=1}^{n} \dfrac{2x_i}{\theta} e^{-\frac{x_i^2}{\theta}}$，求出 $\hat{\theta} = \dfrac{1}{n} \sum_{i=1}^{n} X_i^2$.

(3)因为 $E(\hat{\theta}) = E\left(\dfrac{1}{n} \sum_{i=1}^{n} X_i^2\right) = \theta$，所以根据辛钦大数定律，存在 $a = \theta$.

40.（2015 年）若 A，B 为两个随机事件，则（ ）.

A. $P(AB) \geq P(A)P(B)$ B. $P(AB) \leq P(A)P(B)$

C. $P(AB) \geq \dfrac{P(A)+P(B)}{2}$ D. $P(AB) \leq \dfrac{P(A)+P(B)}{2}$

【答案】D 因为 $P(AB) \leq P(A)$，$P(AB) \leq P(B)$. 故选 D.

41.（2015 年）设随机变量 X 的概率密度为 $f(x) = \begin{cases} 2^{-x}\ln 2, & x > 0 \\ 0, & x \leq 0 \end{cases}$，对 X 进行独立重复观测，直到第 2 个观测值大于 3 时停止，记 Y 为观测次数.（1）求 Y 的概率分布；(2)求 $E(Y)$.

【答案】(1) $P(X > 3) = \int_3^{+\infty} 2^{-x}\ln 2 dx = \dfrac{1}{8}$，$P(Y = k) = C_{k-1}^1 \left(\dfrac{1}{8}\right)^2 \left(\dfrac{7}{8}\right)^{k-2}$，$k = 2, 3, \cdots$

(2) $E(Y) = \sum_{k=2}^{\infty} k(k-1)\left(\dfrac{1}{8}\right)^2 \left(\dfrac{7}{8}\right)^{k-2}$

令 $S(x) = \sum_{n=2}^{\infty} n(n-1)x^{n-2} = \sum_{n=2}^{\infty} (x^n)'' = \left(\sum_{n=2}^{\infty} x^n\right)'' = \left(\dfrac{x^2}{1-x}\right)'' = \dfrac{2}{(1-x)^3}$

所以 $E(Y) = \sum_{k=2}^{\infty} k(k-1)\left(\frac{1}{8}\right)^2\left(\frac{7}{8}\right)^{k-2} = \frac{1}{64}S\left(\frac{7}{8}\right) = 16.$

42. (2015 年) 设随机变量 X, Y 不相关, 且 $E(X) = 2$, $E(Y) = 1$, $D(X) = 3$, 则 $E(X(X+Y-2)) = ($ $).$

    A. -3 B. 3

    C. -5 D. 5

【答案】D

43. (2015 年) 设二维随机变量 $(X, Y) \sim N(1, 0; 1, 1; 0)$, 则 $P(XY - Y < 0)$ = _____.

【答案】$\frac{1}{2}$ 提示: 因为相关系数为 0, 所以 X, Y 相互独立, 且 $X \sim N(1, 1)$, $Y \sim N(0, 1)$,

所以 $P(XY - Y < 0) = P((X-1)Y < 0) = P(X-1 < 0, Y > 0) + P(X-1 > 0, Y < 0)$

    $= P(X-1 < 0)P(Y > 0) + P(X-1 > 0)P(Y < 0) = \frac{1}{2}.$

44. (2015 年) 设总体 X 的概率密度为 $f(x, \theta) = \begin{cases} \frac{1}{1-\theta}, & \theta \leq x \leq 1 \\ 0, & \text{其他} \end{cases}$. 求: (1) θ 的矩估计; (2) θ 的极大似然估计.

【答案】(1) 矩法: $E(X) = \int_{\theta}^{1} x \frac{1}{1-\theta}\mathrm{d}x = \frac{1+\theta}{2}$, 令 $E(X) = \frac{1+\theta}{2} = \bar{X}$,

所以 $\hat{\theta} = 2\bar{X} - 1.$

(2) 极大似然法: $L(x_1, x_2, \cdots, x_n; \theta) = \left(\frac{1}{1-\theta}\right)^n$, 其中 $\theta \leq x_1, x_2, \cdots, x_n \leq 1$, 似然函数是参数 θ 的单调递增函数, 因此取 $\hat{\theta} = \max\{x_1, x_2, \cdots, x_n\}.$

45. (2016 年) 设 $x_1, x_2, \cdots, x_n$ 是来自总体 $N(\mu, \sigma^2)$ 的简单随机样本, 样本均值 $\bar{X} = 9.5$, 参数 μ 的置信度为 0.95 的双侧置信区间的置信上限为 10.8, 则 μ 的置信度为 0.95 的双侧置信区间为 _____.

【答案】$[8.2, 10.8]$ 提示: 置信区间长度的一半等于 $10.8 - 9.5 = 1.3$, 所以置信区间为 $[8.2, 10.8].$

46. (2016 年) 设二维随机变量 (X, Y) 在区域 $D = \{(x, y) \mid 0 < x < 1, x^2 < y < \sqrt{x}\}$ 上服从均匀分布, 令 $U = \begin{cases} 1, & X \leq Y \\ 0, & X > Y \end{cases}$. (1) 写出 (X, Y) 的概率密度. (2) U 与 X 是否相互独立? 说明理由. (3) 求 $Z = U + X$ 的分布函数 $F(z).$

【答案】(1) (X, Y) 的联合概率密度为 $f(x, y) = \begin{cases} 3, & (x, y) \in D \\ 0, & (x, y) \notin D \end{cases}.$

（2）$\dfrac{U \mid 0 \quad\quad 1}{P \mid P(X>Y) \quad P(X\leqslant Y)}$ ，即 $\dfrac{U \mid 0 \quad 1}{P \mid \dfrac{1}{2} \quad \dfrac{1}{2}}$ ，计算 $P\left(X\leqslant\dfrac{1}{2}, U=0\right)$，$P\left(X\leqslant\dfrac{1}{2}\right)$，

得 $P\left(X\leqslant\dfrac{1}{2}, U=0\right)\neq P\left(X\leqslant\dfrac{1}{2}\right)P(U=0)$，$X$，$U$ 不独立.

（3）$F(z)=P(U+X\leqslant z)=P(U+X\leqslant z, U=0)+P(U+X\leqslant z, U=1)$

$$=P(X\leqslant z, X>Y)+P(X+1\leqslant z, X\leqslant Y)=\begin{cases}0, & z<0\\[2mm]\dfrac{3}{2}z^2-z^3, & 0\leqslant z<1\\[3mm]\dfrac{1}{2}+2(z-1)^{\frac{3}{2}}-\dfrac{3}{2}(z-1)^2, & 1\leqslant z<2\\[2mm]1 & z\geqslant 2\end{cases}.$$

47. （2016年）设总体 X 的概率密度为 $f(x, \theta)=\begin{cases}\dfrac{3x^2}{\theta^3}, & 0<x<\theta\\[2mm]0, & \text{其他}\end{cases}$，其中 $\theta>0$ 为未知参数，X_1，X_2，X_3 为来自总体 X 的简单随机样本，令 $T=\max(X_1, X_2, X_3)$. （1）求 T 的概率密度；（2）确定 a，使得 aT 为 θ 的无偏估计.

【答案】（1）$F(t)=P(T\leqslant t)=P(X_1\leqslant t, X_2\leqslant t, X_3\leqslant t)$

$$=\begin{cases}0, & t<0\\[2mm]\left(\displaystyle\int_0^t\dfrac{3x^2}{\theta^3}\mathrm{d}x\right)^3, & 0\leqslant t<\theta\\[2mm]1, & t>\theta\end{cases}=\begin{cases}0, & t<0\\[2mm]\dfrac{t^9}{\theta^9}, & 0\leqslant t<\theta\\[2mm]1, & t>\theta\end{cases}$$

所以概率密度为 $f(t)=F'(t)=\begin{cases}\dfrac{9t^8}{\theta^9}, & 0<t<\theta\\[2mm]0, & \text{其他}\end{cases}$.

（2）$E(aT)=aE(T)=a\displaystyle\int_0^\theta t\dfrac{9t^8}{\theta^9}\mathrm{d}t=\dfrac{9a\theta}{10}=\theta$，所以 $a=\dfrac{10}{9}$.

48. （2016年）设随机试验 E 有三种两两互斥结果 A_1，A_2，A_3，且三种结果出现的概率均为 $\dfrac{1}{3}$，将试验 E 独立重复做两次，设 X 表示两次试验中结果 A_1 出现的次数，Y 表示两次试验中结果 A_2 出现的次数，则 X 与 Y 的相关系数为（ ）．

A. $-\dfrac{1}{2}$　　　　　　　　　　B. $-\dfrac{1}{3}$

C. $\dfrac{1}{3}$　　　　　　　　　　D. $\dfrac{1}{2}$

【答案】A 提示：$X \sim B\left(2, \dfrac{1}{3}\right)$，$Y \sim B\left(2, \dfrac{1}{3}\right)$，$E(X) = E(Y) = \dfrac{2}{3}$，

$D(X) = D(Y) = \dfrac{4}{9}$，$\dfrac{XY}{P}\begin{array}{c|cc} & 0 & 1 \\ \hline & & P(X=1,\ Y=1) \end{array}$，$P(X = 1,\ Y = 1) = \dfrac{2}{9}$，

$\rho = \dfrac{E(XY) - E(X)E(Y)}{\sqrt{D(X)}\ \sqrt{D(X)}} = -\dfrac{1}{2}$. 故选 A.

49. (2017 年)设随机变量 X，Y 相互独立，且 $\dfrac{X}{P}\begin{array}{c|cc} & 0 & 2 \\ \hline & \dfrac{1}{2} & \dfrac{1}{2} \end{array}$，$Y$ 的概率密度为 $f_Y(y) = $

$\begin{cases} 2y, & 0 < y < 1 \\ 0, & \text{其他} \end{cases}$. 求：(1) $P(Y \leqslant E(Y))$；(2) $Z = X + Y$ 的概率密度.

【答案】(1) $E(Y) = \displaystyle\int_0^1 2y^2 \mathrm{d}y = \dfrac{2}{3}$，$P\left(Y \leqslant \dfrac{2}{3}\right) = \displaystyle\int_0^{\frac{2}{3}} 2y \mathrm{d}y = \dfrac{4}{9}$.

随机变量 X，Y 相互独立.

(2)随机变量 X，Y 相互独立，

$F_Z(z) = P(Z \leqslant z) = P(X + Y \leqslant z) = P(X + Y \leqslant z,\ X = 0) + P(X + Y \leqslant z,\ X = 2)$

$\qquad = P(X = 0)P(Y \leqslant z) + P(X = 2)P(Y \leqslant z - 2) = \dfrac{1}{2}P(Y \leqslant z) + \dfrac{1}{2}P(Y \leqslant z - 2)$

$\dfrac{1}{2}P(Y \leqslant z) + \dfrac{1}{2}P(Y \leqslant z - 2)$

因此 $f_Z(z) = \begin{cases} z, & 0 < z < 1 \\ 2 - 2, & 2 < z < 3 \\ 0, & \text{其他} \end{cases}$

50. (2017 年)设 X_1，X_2，$\cdots$，X_n 来自总体 $N(\mu,\ 1)$ 的简单随机样本，记 $\overline{X} = \dfrac{1}{n}\displaystyle\sum_{i=1}^{n} X_i$，

则下列结论不正确的是(   ).

A. $\displaystyle\sum_{i=1}^{n}(X_i - \mu)^2$ 服从 χ^2 分布 B. $2(X_n - X_1)^2$ 服从 χ^2 分布

C. $\displaystyle\sum_{i=1}^{n}(X_i - \overline{X})^2$ 服从 χ^2 分布 D. $n(\overline{X} - \mu)^2$ 服从 χ^2 分布

【答案】B 提示：根据 χ^2 分布的构造判断.

51. (2017 年)设随机变量 X 的分布函数为 $F(x) = 0.5\Phi(x) + 0.5\Phi\left(\dfrac{x-4}{2}\right)$，其中 Φ

(x) 为标准正态分布函数，则 $E(X) = $ _____.

【答案】2 提示：$F'(x) = 0.5\Phi'(x) + 0.5\left(\Phi\left(\dfrac{x-4}{2}\right)\right)'$，

得 $f(x) = 0.5\varphi(x) + \dfrac{1}{4}\varphi\left(\dfrac{x-4}{2}\right)$

所以 $E(X) = \displaystyle\int_{-\infty}^{+\infty} xf(x)\,\mathrm{d}x = 0.5\int_{-\infty}^{+\infty} x\varphi(x)\,\mathrm{d}x + \dfrac{1}{4}\int_{-\infty}^{+\infty} x\varphi\left(\dfrac{x-4}{2}\right)\mathrm{d}x$

令 $\dfrac{x-4}{2} = t$

$\underline{\qquad\qquad} \dfrac{1}{2}\displaystyle\int_{-\infty}^{+\infty} (2t+4)\varphi(t)\,\mathrm{d}t = 2.$ 其中 $\varphi(x)$ 为标准正态分布的概率密度.

52. (2017 年)设 A,B 为随机事件, 若 $0 < P(A) < 1$, $0 < P(B) < 1$, 则 $P(A\,|\,B) > P(A\,|\,\overline{B})$ 的充要条件是(   ).

A. $P(B\,|\,A) > P(B\,|\,\overline{A})$ B. $P(B\,|\,A) < P(B\,|\,\overline{A})$

C. $P(\overline{B}\,|\,A) > P(B\,|\,\overline{A})$ D. $P(\overline{B}\,|\,A) < P(B\,|\,\overline{A})$

【答案】A   提示: $P(A\,|\,B) > P(A\,|\,\overline{B}) \Leftrightarrow P(AB) > P(A)P(B) \Leftrightarrow P(B\,|\,A) > P(B)$,

又 $P(B\,|\,\overline{A}) = \dfrac{P(B) - P(AB)}{P(\overline{A})} < \dfrac{P(B) - P(A)P(B)}{P(\overline{A})} < P(B)$. 故选 A.

53. (2018 年)设随机事件 A 与 B 相互独立, A 与 C 相互独立, $BC = \varnothing$, 若 $P(A) = P(B) = \dfrac{1}{2}$, $P(AC\,|\,AB\cup C) = \dfrac{1}{4}$, 则 $P(C) = \underline{\qquad}$.

【答案】$\dfrac{1}{4}$ 提示: $P(AC\,|\,AB\cup C) = \dfrac{P(AC)}{P(AB) + P(C) - P(ABC)} = \dfrac{\dfrac{1}{2}P(C)}{\dfrac{1}{4} + P(C)} = \dfrac{1}{4}$,

所以 $P(C) = \dfrac{1}{4}$.

54. (2018 年)设随机变量 X 与 Y 相互独立, $\begin{array}{c|cc} X & 1 & -1 \\ \hline P & \frac{1}{2} & \frac{1}{2} \end{array}$, $Y\sim P(\lambda)$, 令 $Z = XY$. (1) 求 $\mathrm{Cov}(X,Z)$; (2)求 Z 的概率分布.

【答案】(1) $\mathrm{Cov}(X,Z) = E(XZ) - E(X)E(Z) = E(X^2Y) - E^2(X)E(Y) = D(X)E(Y) = \lambda$.

(2) $P(Z = k) = P(XY = k, X = 1) + P(XY = k, U = -1)$

$= P(Y = k, U = 1) + P(Y = -k, U = -1) = P(Y = k)P(U = 1) + P(Y = -k)P(U = -1)$

所以 $P(Z = 0) = \mathrm{e}^{-\lambda}$

$$P(Z=k)=\begin{cases}\dfrac{1}{2}\dfrac{\lambda^{k}}{k!}e^{-\lambda}, & k>0\\[3mm]\dfrac{1}{2}\dfrac{\lambda^{-k}}{(-k)!}e^{-\lambda}, & k<0\end{cases}.$$

55. (2019 年) 设 A, B 为随机事件, 则 $P(A)=P(B)$ 的充要条件是( ).

A. $P(A\cup B)=P(A)+P(B)$ B. $P(AB)=P(A)P(B)$

C. $P(A\overline{B})=P(\overline{A}B)$ D. $P(AB)=P(\overline{A}\,\overline{B})$

【答案】C 提示: 排除 A、B、D.

56. (2019 年) 设随机变量 X, Y 相互独立, 且均服从正态分布 $N(\mu,\sigma^{2})$, 则 $P(|X-Y|<1)($).

A. 与 μ 无关, 而与 σ^{2} 有关 B. 与 μ 有关, 而与 σ^{2} 无关

C. 与 μ, σ^{2} 都有关 D. 与 μ, σ^{2} 都无关

【答案】A 提示: 根据相互独立的正态分布的线性函数仍是正态分布来判断.

57. (2019 年)已知随机变量 X, Y 相互独立, 且 $X\sim E(1)$, $\begin{array}{c|cc}Y & -1 & 1\\\hline P & p & 1-p\end{array}$, $(0<p<1)$, 令 $Z=XY$. (1)求 Z 的概率密度; (2)p 为何值时, X 与 Z 不相关? (3)X 与 Z 是否独立?

【答案】$F_{Z}(z)=P(Z\leqslant z)=P(XY\leqslant z)=P(XY\leqslant z,Y=-1)+P(XY\leqslant z,Y=1)$

$=P(X\geqslant -z,Y=-1)+P(X\leqslant z,Y=1)=P(X\geqslant -z)P(Y=-1)+P(X\leqslant z)P(Y=1)$

$=p(1-F_{X}(-z))+(1-p)F_{X}(z)$,

所以 Z 的概率密度为 $f_{Z}(z)=pf_{X}(-z)+(1-p)f_{X}(z)=\begin{cases}(1-p)e^{-z}, & z\geqslant 0\\ pe^{z}, & z<0\end{cases}.$

$(2)E(XZ)-E(X)E(Z)=E(X^{2}Y)=E(X^{2})E(Y)-E^{2}(X)E(Y)$

$=D(X)E(Y)=1-2p=0$, 即 $p=\dfrac{1}{2}$时, X 与 Z 不相关.

(3)当 $p\neq\dfrac{1}{2}$时, X 与 Z 相关, 所以 X 与 Z 是不独立的, 当 $p=\dfrac{1}{2}$时,

$P(X\leqslant 1,Z\leqslant 1)=P(X\leqslant 1,Y=1)=P(X\leqslant 1)P(Y=1)=\dfrac{1}{2}(1-e^{-1})$

$P(X\leqslant 1)P(Z\leqslant 1)=(1-e^{-1})\left(1-\dfrac{1}{2}e^{-1}\right)$,

所以 $P(X\leqslant 1)P(Z\leqslant 1)\neq P(X\leqslant 1,Z\leqslant 1)$, 所以不独立.

58. (2019 年)设随机变量 X 的概率密度为 $f(x)=\begin{cases}\dfrac{x}{2}, & 0<x<2\\ 0, & 其他\end{cases}$, $F(x)$ 为 X 的分布函

数, $E(X)$ 为 X 的期望, 则 $P(F(x) > E(X) - 1) = $ _____ .

解: $E(X) = \int_0^2 \frac{x^2}{2} dx = \frac{4}{3}$

$$F(x) = \int_{-\infty}^x f(t) dt = \begin{cases} 0, & x < 0 \\ \dfrac{x^2}{4}, & 0 \leqslant x < 2 \\ 1, & x \geqslant 2 \end{cases}$$

所以 $P(F(X) > E(X) - 1) = P\left(\dfrac{X^2}{4} > \dfrac{1}{3}\right) = P\left(X > \dfrac{2}{\sqrt{3}}\right) = 1 - F\left(\dfrac{2}{\sqrt{3}}\right) = \dfrac{2}{3}$.

59. (2019 年)设总体 X 的概率密度为 $f(x, \theta) = \begin{cases} \dfrac{A}{\sigma} e^{-\frac{(x-\mu)^2}{2\sigma^2}}, & x \geqslant \mu \\ 0, & x < \mu \end{cases}$, 其中 μ 为已知参

数, $\sigma > 0$ 为未知参数, A 是常数, $X_1, X_2, \cdots, X_n$ 是来自总体 X 的简单随机样本. (1)求 A;
(2)求 σ^2 的极大似然估计量.

【答案】(1) $1 = \int_\mu^{+\infty} \dfrac{A}{\sigma} e^{-\frac{(x-\mu)^2}{2\sigma^2}} dx \xlongequal{\text{令} \frac{x-\mu}{\sigma} = t} \int_0^{+\infty} A e^{-\frac{t^2}{2}} dt$

$$= (\sqrt{2\pi} A) \int_0^{+\infty} \dfrac{1}{\sqrt{2\pi}} e^{-\frac{t^2}{2}} dt = \dfrac{\sqrt{2\pi} A}{2}$$

所以 $A = \dfrac{2}{\sqrt{2\pi}}$.

(2)似然函数 $L(\sigma^2) = \prod_{i=1}^n \dfrac{2}{\sqrt{2\pi} \sigma} e^{-\frac{(x_i-\mu)^2}{2\sigma^2}} = \left(\dfrac{2}{\sqrt{2\pi} \sigma}\right)^n e^{-\sum_{i=1}^n \frac{(x_i-\mu)^2}{2\sigma^2}}$, 其中 $x_1, x_2, \cdots, x_n \geqslant \mu$

取对数: $\ln L(\sigma^2) = n\ln 2 - n\ln\sqrt{2\pi} - \dfrac{n}{2}\ln \sigma^2 - \sum_{i=1}^n \dfrac{(x_i-\mu)^2}{2\sigma^2}$

对 σ^2 求导并令其为零: $(\ln L(\sigma^2))' = -\dfrac{n}{2\sigma^2} + \dfrac{1}{2\sigma^4} \sum_{i=1}^n (x_i-\mu)^2 = 0$

所以 $\hat{\sigma}^2 = \dfrac{1}{n} \sum_{i=1}^n (x_i-\mu)^2$.

60. (2020 年)设 A, B, C 为三个随机事件, 且 $P(A) = P(B) = P(C) = \dfrac{1}{4}$, $P(AB) = 0$, $P(AC) = P(BC) = \dfrac{1}{12}$, 则 A, B, C 中恰有一个事件发生的概率为( ).

A. $\frac{3}{4}$ B. $\frac{2}{3}$

C. $\frac{1}{2}$ D. $\frac{5}{12}$

【答案】D 提示：$P(ABC)=0$，所求概率为 $P(\overline{A}BC)+P(A\overline{B}\,\overline{C})+P(\overline{A}\overline{B}C)$

$=P(C)-P(AC)-P(BC)+P(A)-P(AB)-P(AC)+P(B)-P(AB)-P(BC)$

$=\frac{5}{12}$. 故选 D.

61.（2020年）设随机变量 $(X,Y)\sim N\left(0,0;1,4;-\frac{1}{2}\right)$，则下列随机变量服从标准正态分布且与 X 独立的是（　）.

A. $\frac{\sqrt{5}}{5}(X+Y)$ B. $\frac{\sqrt{5}}{5}(X-Y)$

C. $\frac{\sqrt{3}}{3}(X+Y)$ D. $\frac{\sqrt{3}}{3}(X-Y)$

【答案】C 提示：$E(X+Y)=0$，$D(X+Y)=D(X)+D(Y)+2\mathrm{Cov}(X,Y)=5-2$.

所以 $D(X-Y)=D(X)+D(Y)-2\mathrm{Cov}(X,Y)=7$.

所以 $D\left[\frac{\sqrt{3}}{3}(X+Y)\right]=\frac{1}{3}[D(X)+D(Y)+2\mathrm{Cov}(X,Y)]=1$.

所以 $\frac{\sqrt{3}}{3}(X+Y)\sim N(0,1)$.

62.（2020年）随机变量 (X,Y) 在 $0<y<\sqrt{1-x^2}$ 上服从均匀分布，$Z_1=\begin{cases}1,& X-Y>0\\0,& X-Y\leqslant 0\end{cases}$，

$Z_2=\begin{cases}1,& X+Y>0\\0,& X+Y\leqslant 0\end{cases}$. (1)求 (Z_1,Z_2) 的联合分布；(2)求 $\rho_{Z_1Z_2}$.

【答案】(1)

Z_2＼Z_1	1	0
1	$\frac{1}{4}$	$\frac{1}{2}$
0	0	$\frac{1}{4}$

(2) $\rho_{Z_1Z_2}=\dfrac{E(Z_1Z_2)-E(Z_1)E(Z_2)}{\sqrt{D(Z_1)D(Z_2)}}=\dfrac{1}{3}$.

63.（2021年）设 A,B 为随机事件且 $0<P(B)<1$，则下列结论中不成立的是（　）.

A. 若 $P(A|B)=P(A)$，则 $P(A|\overline{B})=P(A)$

B. 若 $P(A\,|\,B)>P(A)$，则 $P(\overline{A}\,|\,\overline{B})>P(\overline{A})$

C. 若 $P(A\,|\,B)>P(A\,|\,\overline{B})$，则 $P(A\,|\,B)>P(A)$

D. 若 $P(A\,|\,A\cup B)>P(\overline{A}\,|\,A\cup B)$，则 $P(A)>P(B)$

【答案】D

64.（2021 年）设 $(X_1,Y_1),(X_2,Y_2),\cdots,(X_n,Y_n)$ 是来自总体 $N(\mu_1,\mu_2;\sigma_1^2,\sigma_2^2;\rho)$

的简单随机样本，令 $\theta=\mu_1-\mu_2$，$\overline{X}=\sum\limits_{i=1}^{n}X_i$，$\overline{Y}=\sum\limits_{i=1}^{n}Y_i$，$\hat{\theta}=\overline{X}-\overline{Y}$，则（　　）.

A. $E(\hat{\theta})=\theta$，$D(\hat{\theta})=\dfrac{\sigma_1^2+\sigma_2^2}{n}$

B. $E(\hat{\theta})=\theta$，$D(\hat{\theta})=\dfrac{\sigma_1^2+\sigma_2^2-2\rho\sigma_1\sigma_2}{n}$

C. $E(\hat{\theta})\ne\theta$，$D(\hat{\theta})=\dfrac{\sigma_1^2+\sigma_2^2}{n}$

D. $E(\hat{\theta})\ne\theta$，$D(\hat{\theta})=\dfrac{\sigma_1^2+\sigma_2^2-2\rho\sigma_1\sigma_2}{n}$

【答案】B

65.（2021 年）设总体 X 的分布律为

X	1	2	3
P	$\dfrac{1-\theta}{2}$	$\dfrac{1+\theta}{4}$	$\dfrac{1+\theta}{4}$

，利用来自总体的样本值

1，3，2，2，1，3，1，2 可得 θ 的极大似然估计值为（　　）.

A. $\dfrac{1}{4}$ 　　　　　　　　B. $\dfrac{3}{8}$

C. $\dfrac{1}{2}$ 　　　　　　　　D. $\dfrac{5}{2}$

【答案】A　提示：$L(\theta)=\dfrac{(1-\theta)^3(1+\theta)^5}{8\cdot4^5}$，$\ln L(\theta)=3\ln(1-\theta)+5\ln(1+\theta)-\ln 8-5\ln 4$

$\dfrac{\mathrm{d}\ln L(\theta)}{\mathrm{d}\theta}=\dfrac{3}{\theta-1}+\dfrac{5}{1+\theta}=0$，所以 $\hat{\theta}=\dfrac{1}{4}$.

66.（2021 年）甲乙两个盒子中各装有两个红球和两个白球，其大小、质地相同. 先从甲盒中任取一球观察后放入乙盒，再从乙盒中任取一球，令 X，Y 分别表示从甲盒和乙盒中取到的红球个数，则 X 与 Y 的相关系数为（　　）.

【答案】

Y\X	1	0	$p_{\cdot j}$
1	$\dfrac{3}{10}$	$\dfrac{2}{10}$	$\dfrac{1}{2}$
0	$\dfrac{2}{10}$	$\dfrac{3}{10}$	$\dfrac{1}{2}$
$p_{i\cdot}$	$\dfrac{1}{2}$	$\dfrac{1}{2}$	1

所以 $E(X)=E(Y)=\dfrac{1}{2}$，$D(X)=D(Y)=\dfrac{1}{4}$，$E(XY)=\dfrac{3}{10}$.

得：$\rho_{XY}=\dfrac{1}{5}$.

67.（2021年）在区间$(0,2)$上随机取一点，将该区间分成两段，较短一段的长度记为 X，较长一段的长度记为 Y，令 $Z=\dfrac{Y}{X}$.（1）X 的概率密度；（2）求 Z 的概率密度；（3）$E\left(\dfrac{X}{Y}\right)$.

【答案】$X\sim U(0,1)$，$f_X(x)=\begin{cases}1,&x\in(0,1)\\0&x\notin(0,1)\end{cases}$.

（2）$F_Z(z)=P(Z\leqslant z)=P\left(\dfrac{Y}{X}\leqslant z\right)=P\left(\dfrac{2-X}{X}\leqslant z\right)=P\left(\dfrac{2}{X}\leqslant 1+z\right)$

$F_Z(z)=P(Z\leqslant z)=\begin{cases}1-P\left(X\leqslant\dfrac{2}{z+1}\right),&z>1\\0,&z\leqslant 1\end{cases}=\begin{cases}1-F_X\left(\dfrac{2}{z+1}\right),&z>1\\0,&z\leqslant 1\end{cases}$

所以 $f_Z(z)=\begin{cases}\dfrac{2}{(z+1)^2},&z>1\\0,&z\leqslant 1\end{cases}$.

（3）$E\left(\dfrac{X}{Y}\right)=E\left(\dfrac{X}{2-X}\right)=\int_0^1\dfrac{x}{2-x}f_X(x)\,\mathrm{d}x=2\ln 2-1$.

68.（2021年）设 $X_1,X_2,\cdots,X_{16}$ 是来自总体 $N(\mu,4)$ 的简单随机样本，考虑假设检验问题：$H_0:\mu\leqslant 10$，$H_1:\mu>10$，$\Phi(x)$ 表示标准正态分布的分布函数，若该检验问题的拒绝域 $\omega=\{\overline{X}\geqslant 11\}$，其中 $\overline{X}=\sum_{i=1}^{16}X_i$，则 $\mu=11.5$ 时，该检验犯第二类错误的概率为（　　）.

A. $1-\Phi(0.5)$　　　　　　　　　B. $1-\Phi(1)$

C. $1-\Phi(1.5)$　　　　　　　　　D. $1-\Phi(2)$

【答案】B　提示：$P(\overline{X}<11)=\Phi\left(\dfrac{11-11.5}{\dfrac{2}{\sqrt{16}}}\right)=\Phi(-1)=1-\Phi(1)$. 故选 B.

参考文献

［1］盛骤，谢式千，潘承毅. 概率论与数理统计(第四部). 北京：高等教育出版社，2008.

［2］同济大学数学系. 概率论与数理统计. 北京：人民邮电出版社，2017.

［3］吴赣昌. 概率论与数理统计(第五版). 北京：中国人民大学出版社，2019.

［4］刘焕香，等. 概率论与数理统计. 北京：科学出版社，2009.